평생의숙제
-다이어트

다이어트를 하는 사람은 아름다움과 건강 혹은 그 밖의 다양한 목적 만큼이나 다양한 다이어트 법으로 더 날씬해질 그날을 위해 전력 질주를 한다. 그러나 〈워싱턴 포스트〉지에 의하면 다이어트를 실시한 200명의 도전자 중 목표치의 체중에 도달한 사람은 10명에 불과했다. 하지만 그 중에서도 다이어트 후 체중을 유지한 사람은 불과 한 사람이었다고 한다. 놀랍게도 다이어트는 그 실패율이 99.5%나 되는 것이다.

 지난 70년간 세상에는 무려 2만 6천 가지의 다이어트 방법이 유행처럼 등장했다가 사라지기를 반복해왔다. 그리고 무수한 사람들이 그 다이어 트를 실시했고 그중 대부분의 사람들이 실패를 했다. 반대로 다이어트 관 련 기구와 약, 병원들의 수익은 기하급수적으로 늘어났다. 동시에 비만율 도 더 증가했다. 이처럼 수많은 노력에도 불구하고 늘어나는 비만율은 결 국 기존의 다이어트 방법들이 그 효과를 상실했거나 잘못된 길이었음을 보여주고 있다. 급증하는 비만율 앞에서 속수무책으로 실패하는 다이어 트들로 인해 "세상 모든 다이어트는 살을 찌우기 위해 존재한다."는 다이 어트 격언까지 등장했다.

 우리는 비만에 대해 온갖 부정적인 생각들을 가지고 있다. 살을 빼지 않으면 모든 일이 잘 풀리지 않을 것이며, 부당한 대접을 받을 것이라고 생각한다. 실제로 비만인 사람은 날씬한 사람에 비해 외모적으로 얻는 이 점은 적고 손해 보는 것이 많다. 또한, 나날이 높아지는 비만 관련 질병들 도 사람들을 강박적인 다이어트로 내모는 요소 중 하나다. 비만은 고혈압, 당뇨, 심장질환, 암 등 수명을 단축시키는 치명적인 질환들과 연결되어 있으며, 비만 인구가 늘어갈수록 이런 질환들도 더 많아지고 있다. 상황이 이렇다 보니 비만 탈출이 하나의 국민 건강 슬로건이 되어 국가적인 정책 사업으로 진행되어지는 것은 당연하다고 할 수 있다.

다이어트는 결국 자신의 소유인 자기 몸을 돌보는 일이며, 선택권도 본인에게 있다. 즉, 비만에 대해 보다 상세히 알고 비만이 나타나는 기전과 그것을 극복하는 방법에 대해 잘못 알고 있던 상식들을 교정하고, 본인에게 맞는 다이어트를 하면 비만에서 탈출할 수 있다. 지금까지의 다이어트들이 불러온 결과들을 거울삼아 보다 건강한 다이어트를 시행하고 그것으로 인해 하루하루 변해가는 자신의 모습을 즐기는 것이다.

장기적으로 우리 삶을 더 건강하게 만드는 다이어트 방법과 비만을 질병으로 규정하고 있기에 비만을 치유하는 방법에 대해서 보다 구체적이고 상세한 교육을 통하여 건강한 다이어트, 요요현상이 일어나지 않는 다이어트로 우리나라의 심각한 사회문제 중의 하나인 비만 문제를 예방, 해결하는 데 큰 역할이 되기 위해 미흡하나마 출판을 하게 되었다. 이 책이 많은 사람들의 건강 지침서가 되었으면 하는 간절한 바람이고, 더 많은 연구를 통해 국민의 건강 문제를 해결 할 수 있도록 노력할 것이다. 이 책이 출판될 수 있도록 도움을 주신 한올출판사 사장님과 임직원 여러분께 다시 한 번 깊은 감사를 드린다.

2020년 10월
한성대학교 연구실에서 이 준 숙

평생의 숙제 다이어트

차 례

차 례

우리 몸을 구성하는 원소는 대략 59가지가 필요하다. 그중 6가지인 산소, 수소, 탄소, 질소, 칼슘, 인이 몸의 99.1%이고, 나머지는 바나듐, 망간, 몰리브덴, 주석, 구리 등이다.

우리 몸에 가장 큰 비중을 차지하는 것은 산소로, 약 61%를 차지한다. 우리 몸은 이 산소와 수소가 결합된 물로 이루어져 있는 것이다.

이런 원소로 이루어진 우리 몸을 세분화시키면 별것 아니지만 상상을 초월하는 기능과 비밀을 가지고 있다.

폐를 모두 펼치면 테니스 코트만 하고, 우리 몸의 혈관을 모두 연결하면 지구둘레를 두 바퀴 반이나 돌 수 있다.

우리가 중요하게 생각하는 DNA는, 세포1개에 들어있는 DNA를 꺼내 연결하면 1m쯤 된다. 한 사람의 DNA를 한 가닥으로 연결시키면 160억 킬로미터쯤 된다.

이 유전자는 지속적으로 정보를 전달하여 자손대대로 존속할 것이다.

유전자가 하는 일은 단백질을 만들 명령문을 제공하기 때문에, 우리 몸의 대부분은 단백질이고, 이 중에서 화학적 변화를 촉진하는 효소와 메시지를 전달하는 호르몬이 있다.

인간은 미생물의 숙주이다. 그래서 몸 속 미생물이 건강하게 살아갈 수 있는 환경을 만들어주면 질병에 걸리지 않고 건강하게 살 수 있고, 그렇지 않는 환경이 조성된다면 수많은 질병과 노화가 촉진될 수 있다.

건강은 운명인가?

많은 사람들이 수많은 질병을 바라보는 관점이 유전이나 운명이라고 생각하는 경우가 많다. 아버지와 할아버지가, 우리 조상에게 그런 문제가 있었으니 나에게도 같은 문제가 발생될 것이라 생각하는 경향이 많다. 부모가 비만이면 자식이 비만이 될 확률이 높다. 이런 것들은 당연 그럴 수도 있다. 왜냐하면 비슷한 환경과 비슷한 식생활 패턴인 상태로 오랜 기간 동안 생활해왔기 때문에, 장내 미생물의 상태가 비슷해서 나타나는 문제라 생각한다. 어느 집안의 사람들이 비슷한 질병에 노출되거나 노화가 빨라지는 것은 유전자의 문제가 아니라 장내 미생물의 분포와 연관이 많다. 장내 미생물군유전체가 건강과 수명을 결정하는 역할을 한다.

전혀 다른 사람들이 같은 집에서 생활을 하게 되면 장내 미생물유전체가 유사하게 나타난다. 그러므로 생물학적 부모보다는 함께 생활하는 사람들과 건강 상태가 비슷해질 가능성이 더 크다는 것이다. 그래서 건강은 운명이나 유전자의 문제로 나타나는 것이 아니라 장내 미생물의 상태에 따라 바뀐다는 것이다. 장내 미생물은 호르몬이나 피부, 에너지 수준에도 영향을 미치기 때문에 건강과 수명에 직접적인 영향을 미치게 된다. 그러므로 건강하게 장수하면서 노화를 지연시키는 것은 건강한 장상태를 만드는 것이다.

평생의 숙제 다이어트

Chapter

01

비만의 원인과 종류

🈁 비만 肥滿

　현재 비만은 질병으로 분류되고 있다. 지방은 탄수화물의 에너지 속에서 산화되지만, 탄수화물은 지방의 에너지로 인해 산화되지 않는다. 그러므로 비만은 에너지 항상성 체계에서 일어나는 정상 질병인 것이다.

　대부분의 사람들은 식욕을 어느 정도 제한하는 것이 가능하다고 생각한다. 그러나 어른이나 아이들 모두 식욕이라는 본능 앞에서는 한없이 자유로울 수 없다. 음식을 제한 당하는 고통은 모든 인간에게 정신적인 상처를 주고, 그 상처는 폭식, 과식이라는 참담한 결과를 불러온다.

　현대인들은 탄수화물과 동물성 지방의 과다 섭취가 질병과 비만으로

이어지는 계기가 되었다고 생각하는 경우가 많다. 하지만 이는 잘못된 생각이다. 옛날 사람들은 포도당과 탄수화물과당을 주로 섭취하면서 식물성 음식에 의존해왔기는 하지만, 사람들은 탄수화물과 동물성 지방을 함께 섭취해왔다. 어떤 음식을 섭취하든 혈액 중 포도당이 과잉 상태가 되면 인슐린의 작용을 받아 지방조직에서 지방으로 전환된다. 초식동물이 곡식과 식물만 섭취해도 지방이 축적되는 것이 이와 같은 과정으로 발생되는 것이다. 식물성 기름은 불포화지방산이지만, 인체 내에서 포도당의 에너지원으로 만들어지는 지방은 포화지방산이다. 사람들은 동물로부터 이와 같은 포화지방산을 섭취한다. 편안한 상태를 취하고 있을 때나 음식을 섭취하지 않을 때 이 포화지방산이 에너지원으로 사용된다.

실로 우리 몸은 매우 복잡하면서도 균형 잡힌 메카니즘을 가지고 있다. 언제나 스스로를 깨끗하게 하기 위해 노력하며, 체내의 독소와 노폐물을 체외로 내보냄으로써 스스로 건강을 유지, 치유하고 정화하는 능력이 있다. 이러한 항상성 유지를 위해서는 포도당과 지방산, 이 두가지 에너지원이 모두 필요하다. 그러므로 포도당과 지방산은 에너지원도 되면서, 조절인자도 된다. 또, 에너지 항상성에 필요한 기본 요소는 인슐린과 성장 호르몬이다.

인슐린은 포도당의 동화 작용에 필수적인 요소이며 포도당이 인슐린 분비를 자극하여 포도당 자신이 조직 속에서 분해될 수 있는 조건을 만들도록 되어 있다. 이처럼 상호적이고 신비로운 조절 기능을 하는 우리 몸에 체중을 조절하는 기능이 없을까? 물론 어느 정도 조절하는 시스템이 있다. 그런데도 체중조절 기능이 한계에 달하는 것은 여러 외적인 이유가 있지만 가장 큰 이유는 바로 우리가 섭취하는 음식과 식습관의 균형이 깨

짐으로 인해 비만이 나타나는 것이다.

탄수화물은 지방의 불꽃 속에서 산화되지 않는다. 무엇보다 지방산을 집중적으로 이용하게 하는 전환이 일어나면 지방산은 단백질로부터 포도당을 더 많이 생산하도록 만든다.

지방산, 포도당, 인슐린의 혈중 수준은 보통 식후의 정상 수준보다 많이 증가한 반면에, 근육 조직에 의한 포도당 이용은 감소한다. 포도당과 인슐린이 과다하면 비만이 발생한다. 노화가 진행되는 동안 적응과 생식 항상성에서 관찰된 것과 똑같은 변화가 에너지 항상성에서도 일어나고 있다. 음식을 섭취한 후에는 지방 저장소로부터 지방의 유동화가 감소한다는 것이다.

정상적으로 균형 잡힌 에너지원의 섭취 하에서 시상하부-성장 호르몬-포도당 시스템 중 단 한 가지 변화만 일어나도 에너지 항상성은 서서히 지방을 축적하는 쪽으로 전환된다. 이런 조건에서는 에너지 소비에 비해서 에너지 섭취가 그렇게 많지도 않은데도 불구하고 비만이 생기는 것이다. 이것은 실제로 일어나는 현상과 정확히 일치한다. 이런 의미에서 비만은 노화 과정 중 항상 나타나는 일종의 정상 질병이라고 할 수 있다. 비만은 다른 질병이 발달하는데 너무도 커다란 역할을 한다. 때문에 비만이 모든 현대병의 시발점이 된다는 연구 결과들이 나오고 비만으로 인한 사망 인구가 늘어나고 있는 것이다.

비만의 정확한 정의를 살펴보면 우리 몸의 지방이 과다하게 늘어나 몸무게가 늘고 몸의 형태의 균형이 깨지는 것을 의미한다. 우리 몸이 과체중인 것을 판단하는데 흔히 쓰이는 것은 체질량 지수 측정법BMI이다. 이 측정법은 몸무게를 키의 제곱으로 나눈 것이다. 예를 들어, 몸무게 55kg

의 사람의 키가 162cm라면 이 사람의 BMI는 55÷1.62×1.62=21정도가
나온다.

⏱ BMI측정결과 저체중, 정상체중, 과체중

저체중	정상	과체중	비만
20미만	20~24	25~29	30이상

　단순히 위의 계산만 가지고 그 위험
성을 정확히 판단하기는 어렵다. 지
방이 무조건 나쁘게 작용하는 것
은 아니다. 지방 또한 건강을 유지하
게 위해서 없어서는 안 되는 영양소
이다.

　문제는 이 지방이 특정 부위에 지나치게 많이 쌓여 있는 것이다. 몸의
면역력을 높이고 호르몬 분비에도 결정적인 역할을 하는 중요한 지방이
복부에 지나치게 쌓이면 독성지방으로 변한다. 복부 주변의 지방은 다른
부위보다 신진대사 작용이 활발한데, 이 부분의 지방 세포가 지나치게 활
성화되면 몸의 균형이 깨진다. 복부 주변의 과다한 지방의 문제는 합병증
에 있다. 인체 시스템에 혼란을 일으킴으로써 뇌졸중, 고혈압, 당뇨, 암까
지 영향을 미치는 중대한 문제인 것이다. 또한, 정신적 건강에도 지대한
영향을 미쳐, 우울증, 대인기피증, 다이어트 강박 등을 경험하기도 한다.

　또한, 비만은 성인들의 건강을 위협할 뿐 아니라 청소년비만과 소아비
만으로 문제가 나타난다. 비만으로 인해 현대병을 앓고 있는 청소년이나

아이들이 적지 않은데, 이처럼 어린 나이에 비만을 경험한 아이들은 성인보다 더 큰 사회적 타격을 입을 뿐만 아니라 성장이 빨리 멈추는 등 후유증에 시달린다. 이처럼 비만으로 인해 도출되는 상황으로 볼 때, 비만은 반드시 사회적으로나 개인적으로 반드시 개선해야 할 문제이다.

비만의 원인

비만은 우리가 활동하고 성장하는데 필요한 에너지보다 초과하여 섭취할 때 나타난다. 고단백 음식을 많이 섭취하는데 비해서 활동량이 적은 사람에게서 비만은 시작된다.

또 다른 비만은 호르몬대사이상에서 오는 비만증으로 지방조직이 정상이 아닌 이상 현상에서 발생하기도 하며 갱년기에 성선 기능저하, 혹은 자율신경 저하에서 나타나기도 한다.

가장 문제가 되는 것은 신장, 방광 기능이 저하되어 부종이 빠지지 않고 그대로 살이 되어 체중이 증가하고 아랫배가 나오는 것이다. 이 외에도 피임약이나 신경증에 먹는 약을 오랫동안 복용할 때에도 비만증은 올 수 있다. 이런저런 이유에서 비만이 시작되면 여러 형태의 질병이 생기게 된다.

- 혈액순환장애로 인하여 팔다리가 저리고 아프며 머리가 무겁다.
- 수족이 차고 아랫배는 냉하며 월경불순이나 월경통이 심하다.
- 얼굴에 열이나 상기되고 턱 주위에 여드름 같은 종기가 돋아나며 눈가에 기미가 생긴다.
- 신장질환이 생기면 가슴이 두근거리고 불안과 초조감이 있으며 깊은 잠을 못 잔다.

• 만성질환인 저혈압이나 고혈압, 당뇨병, 동맥경화가 생긴다.

이상 몇 가지 증상 외에도 비만증과 질병과의 함수관계는 깊은 연관이 있다. 비만을 해결하기 위해서 규칙적인 식습관, 생활리듬, 적당한 운동이 필수적이다.

비만은 당뇨병, 고혈압, 동맥경화증, 고지혈증, 심혈관 질환, 지방간 등의 성인병과 대사이상이라고 하는 병의 원인이 된다. 특히, 여성의 경우, 생리불순, 무월경증, 불임증 등이 나타내기도 한다.

🏋 운동부족

운동이 부족하면 소비되는 에너지양이 감소될 뿐 아니라 안정하고 있어도 생명활동을 위한 에너지인 기초대사량의 요구량도 감소하게 된다. 기초대사량이란, 사람이 살아가는데 필요한 최소한의 에너지로, 안정한 상태로 있거나 잠을 자거나 식사를 할 때 소비되는 칼로리다. 운동이 부족하면 이 기초대사량이 감소하여 남는 에너지가 지방으로 변해 살이 찌게 된다.

운동이 부족하면 인슐린 분비가 지나치게 왕성해진다. 이는 인슐린의 작용을 저하시키며 결과적으로 인슐린의 필요량을 증가시켜 지방의 합성을 촉진하게 된다.

운동에 의해 분비되는 호르몬 중 카테콜라민은 지방을 분해하는 작용을 한다. 따라서 운동을 하면 카테콜라민의 분비가 왕성해지면서 살이 빠진다. 운동부족에 의한 대사이상은 비만의 원인으로써 중요한 역할을 한다.

비만인은 다양한 건강상의 문제점을 동반하고 있어서 체지방을 줄이기

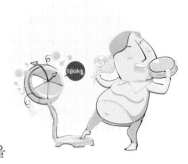

위한 운동이라 할지라도 비만의 해소와 함께 건강증진을 도모할 수 있는 개인별 운동처방을 통한 운동치료가 필요하다. 운동은 그 사람의 건강 상태와 체력수준을 파악하여 개인별로 알맞은 운동의 종류, 운동의 강도, 운동량, 운동 횟수를 결정하는 운동처방에 따른 운동을 실시할 때 비로소 비만해소를 위한 치료효과를 높일 수 있다.

과식과 불규칙한 식습관

섭취에너지와 소비에너지의 불균형은 체지방을 무한정으로 저장한다. 습관을 바꾸면 운명을 바꿀 수 있다. 습관을 변화시킨다는 것은 정말 어렵고 힘든 일이다. 하지만 문제를 일으키는 식습관을 바꿈으로서 운명을 바꿀 수 있는 것이다. 폭식이나 과식, 불규칙한 식사, 야식, 인스턴트식품, 가공식품, 육류의 과다섭취, 수면 부족, 스트레스 등이 비만을 유발하는 큰 원인이다.

유전적 요인

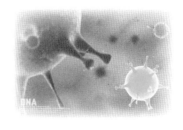

비만은 유전적인 요인이 작용하는 경우도 많지만 이에 못지않게 환경적인 요인도 중요하다. 부모가 비만이면 자녀들도 비만이 되는 경우가 많은 이유는 유전인자가 강하고 생후 부모의 식습관에 영향을 받기 때문이다. 유전적으로 기초대사율이 낮은 것도 비만자의 특징이며, 이러한 특징 이외에도 비만 상태가 부모와 같은 경우 역시 유전의 가능성이 높다.

- 한쪽 부모의 비만 : 40% 비만 확률
- 양쪽 부모의 비만 : 80% 비만 확률
- 양쪽 다 마른 경우 : 10% 비만 확률

심리적 요인

몸의 신호에 따라 곧 음식섭취를 멈춘다면 비만이 될 사람은 거의 없을 것이다. 그러나 많은 사람들은 피곤하거나 기분이 언짢을 때 배가 고픈 것으로 착각한다. 수분이 부족한 경우도 배고픔으로 인지되는 경우가 많다. 그래서 식사한지 얼마 지나지 않아 배고픔을 느낀다면 수분부족 증상일 수 있으니 충분한 수분을 공급해주는 것이 도움이 된다.

또한, 음식을 섭취함으로써 공복감이 사라졌다고 하더라도 단지 만족감이나 꽉 찬 느낌이 들지 않기 때문에 계속 섭취하게 된다. 음식을 섭취함으로 지루함이나 스트레스, 슬픔을 무마시키려는 심리적인 측면이 있는 경우가 있다.

증후성 요인

건강 이상 증상은 비만의 중요한 원인들이며 체중감량에 있어 장애요소가 됨은 물론, 흔히 다이어트 후에 오기 쉬운 요요현상의 원인이 되기도 한다.

첫 번째, 수분대사 이상으로 신장 기능의 장애로 대사가 정상적으로 이루어지지 않아 체내에 수독이 쌓여 부종이 생기고 부종으로 인하여 살이 찌는 것처럼 느껴지게 되는 수인성 비만을 초래한다. 신장 기능의 문제로 손발 하체의 부종이 나타나며, 심장 기능의 저하로는 얼굴부위에 부종이 나타나며, 비장 기능의 저하로는 온몸이 붓는 증세가 나타나게 된다.

두 번째, 저혈당 증상이다. 식사를 거르거나 폭식, 빠른 식사속도, 정맥가공식품 등이 원인이기도 하며 편두통, 정서불안, 기억력과 집중력 감퇴, 근육통, 신경 예민 등의 증상이 나타난다.

세 번째, 에스트로겐 호르몬 분비 이상으로 칼슘 부족이나, 뇌하수체 호르몬 분비이상으로 생리통, 생리불순, 여드름 등의 증상이 나타난다.

네 번째, 갑상선 기능저하로 대사 속도가 전반적으로 저하되어 체중증가가 발생된다. 이는 심한 스트레스, 요오드 부족이 원이이며 심한 피로감을 느끼고 온 몸이 붓고, 손으로 누르면 들어간 부분이 나오지 않고, 피부가 거칠며, 근육통과 변비가 있고, 머리카락이 거칠고 끊어지며 탈모현상이 발생한다.

다섯 번째, 혈액순환 장애로 숙변과 몸의 냉증, 혈액을 탁하게 하는 음식섭취 등이 주원인이며 손발이 차고 심장이 두근거리고, 소화불량, 피부가 거칠고, 발뒤꿈치가 갈라지는 증상이 나타난다.

여섯 번째, 칼슘 부족으로 스트레스, 욕구불만, 초조감 등이 원인으로 관절부위 통증, 허리 통증, 신경 예민 등의 증상이 나타난다.

🖋 위의 크기

몸에는 포만감의 신호를 보내는 또 하나의 작용이 있다. 위벽이 늘어나면 신경을 통해서 포만중추를 자극하여 배가 부르다는 신호를 보내게 되는 것이다. 이렇게 신호를 보내기까지 시간은 대략 식사 후 20~30분 정도 걸린다. 그러므로 약 20분 이상에 걸쳐 식사를 하면 적은 양으로도 포만감을 느낀다.

과식은 지방은 증가시킨다.

과식을 하게 되면 혈당치가 높아지고 인슐린 분비도
촉진되어 지방 세포의 지방합성이 늘어난다. 같은 양
의 칼로리 일지라도 한 번에 많이 섭취하면 저장 칼
로리가 늘어 지방이 증가한다. 규칙적이지 않
는 식사 시간도 살이 찌는 원인이다.

간식에는 고 칼로리 식품이 많다.

살이 찌는 사람은 간식을 자주, 많이 섭취하는 경향이 있다. 적당한 간
식은 때로 생활의 활력소가 되어 이로울 수 있다. 그러나 지나친 간식 섭
취는 비만을 촉진한다. 간식으로 먹는 식품들은 대부분 고 칼로리 식품
군으로 되어 있는 인스턴트, 가공식품들로 비만의 주범이 된다.

밤에 먹으면 살이 더 찐다.

똑같은 음식이라도 낮보다 밤에 먹는 것이 더 살이 찌기 쉽다. 자율신경
에는 교감신경과 부교감신경이 있는데, 교감신경은 몸을 움직일 때 필요
한 에너지가 잘 공급되도록 해주며 부교감신경은 몸의 피로를 풀어주어
낮에 사용한 에너지를 보충하고 다음에 사용할 에너지를 축적시켜주는
작용을 한다. 낮에는 교감신경의 작용이 활발하여 에너지를 소비하고, 밤
에는 부교감신경의 작용이 활발하여 교감신경의 작용을 억제하여 에너지
를 축적시킨다. 따라서 같은 양이라도 낮에 먹는 것보다 밤에 먹는 것이
더 많은 지방을 축적시킨다.

라이프 사이클life cycle에 따른 원인

유아기부터 시작된 과잉영양은 학령기의 비만으로 나타나기 쉽다. 현재

학령기의 비만 발생률은 15%이상이다. 대부분 과식과 운동부족으로 인한 단순성 비만이다. 소아비만의 문제는 운동능력의 저하, 심리적 열등감, 학업성적의 부진, 성장발육의 부진, 뿐만 아니라 소아비만의 70% 이상이 성인비만으로 이어진다.

사춘기는 신체적, 생리적, 정신적 성장이 모두 왕성한 시기이다. 특히, 사춘기 여성의 경우 여성 호르몬 분비가 왕성하여 유방, 복부, 엉덩이 부위에 집중적으로 체지방이 축적된다. 이로 인해 게을러지고 잠이 많아지고 집중력도 떨어져 학업성적에도 영향을 줄 수 있다.

중장년기의 비만은 성인이 되어가면서 기초대사율이 떨어지고 식사량은 많은데 운동량은 감소하여 비만이 되기 쉽다. 중장년 여성의 경우 가사노동이 줄어들고, 각종 모임이 많아지는 등 생활습관이 변화되고 갱년기가 오면서 폐경이 되면 우울증과 같은 심리적 요인으로 폭식하기 쉬운 환경에 처한다. 또한, 골다공증 치료에 사용되는 프로게스테론 호르몬제와 일부 신경통 치료에 쓰는 스테로이드 제재로 식욕이 증가하여 비만을 유발할 수 있으므로 주의해야 한다.

약물 요인

피임 등을 위해서 복용하는 약물의 부작용으로 비만이 되기도 한다. 약물 부작용으로 비정상적인 상태로 살이 찌기도 한다. 이는 비정상적으로 식욕이 너무 왕성해지기 때문이다.

경구 피임약은 몸의 수분을 늘리고 식욕을 촉진시켜 살이 찐다. 그리고 신경안정제는 식욕을 조절하고 신경 기능을 혼란시키는 항히스타민 성분이 포함되어 있어 비만을 일으키는 원인을 제공한다.

천식이나 알레르기 치료제인 스테로이드 제재, 부신피질 호르몬제, 항히스타민 성분이 들어있는 약은 식욕을 향상시키고 신제 조절 기능을 혼란시켜 비만의 원인을 제공한다. 치료 후에도 과식이 습관이 되어 살이 찔 수 있다.

🗓 비만의 종류

원인별로 보면 대부분의 비만이 단순성 비만에 속한다.
- **식이습관** : 식사량, 음식내용, 섭취방법, 시간간식, 야식, 불규칙한 식습관
- **활동부족** : 정상량의 에너지를 섭취하더라도 활동량이 적으면 에너지 소모가 감소. 비만인의 대부분은 움직이지 않으려 하며 소극적 생활을 한다.
  - 예 에너지 섭취와 소모의 불균형
  - 예 장기의 기질적 원인으로 나타난다.

첫 번째로는 증후성 비만이다.
- **내분비성** : 쿠싱증후군Cushing syndrome, 갑상선 기능저하증, 인슐린Insuli-noma, 당뇨병, 성선 기능저하증 등으로 인한 비만이다.
- **시상하부성** : 시상하부의 복측부에 있는 포만중추satiety center와 복내측에 있는 공복중추hunger center에 병변이 있으면 비만을 야기한다.

• 유전성 : 가족성으로 집중발생 또는 일란성 쌍생아 및 입양 아동을 연구한 결과, 주로 선천성 염색체이상에 수반된 비만으로 소아비만이 해당한다.

성인별 분류로 보면 조절성 비만으로 중추신경계 내에서 일어나는 식욕충동에 의해 섭취조절이 되지 않아 비만이 발생한 것으로 심인성 비만과 신경성 비만으로 구별된다.
• 심인성 : 대내피질의 작용으로 인한 식욕항진으로 발생한다.
• 신경성 : 시상하부의 병변으로 발생한다.

두 번째는 대사성 비만으로 음식섭취의 양과는 관계없이 선천적 또는 후천적 원인으로 대사에 이상이 생겨 지방조직이 증식되거나 당이 에너지로 사용되지 못하고 지방조직으로 흘러 들어가 지방으로 변해 이것이 축적되어 비만이 발생하는 것이다. 비만 체질자는 근육세포 내에서 산소의 작용이 활발하지 못하여 결국 당이 이용되지 못하고 지방조직으로 흘러 들어가 지방으로 변하게 된다.

세 번째는 지방 세포 양상별 분류로 비대형은 지방 세포의 수는 정상에 가까우나 크기만 커지는 세포의 비대증으로, 성인형 비만이 이에 속한다.
• 증식형 : 지방 세포의 수가 증가하는 경우이며 보통 유년기와 아동기 초기에서부터 만기에 걸쳐 발생한다. 크기는 정상, 각개의 지방함유량도 정상이며, 소아형 비만이 이에 속한다.
• 혼합형 : 세포의 수, 크기, 지방함량이 모두 비정상적으로 많아지는 형태이다.

- **중심성** : 축적된 신체부위별로 중심성 비만은 주로 복부에 과량의 지방이 축적된다.

  ⓔ WHR허리둘레 / 엉덩이둘레 비율 남 : 1 이상, 여 : 0.9 이상인 경우이다.

- **말초성** : 엉덩이나 허벅지 또는 어깨에 과량의 지방이 축적되어 있는 것이고, 살은 쪄 있지만 WHR 남 : 1 미만, 여 : 0.9 미만인 경우에 해당한다.

🗓 한의학 관점에서 보는 비만의 유형

첫 번째, 선천적 비만으로 부모 중 어느 한쪽만 비만해 자녀에게 비만 체질을 물려줄 확률은 60-70%, 양쪽 부모가 비만하다면 자녀는 무조건 비만해질 수밖에 없다.

두 번째, 스트레스성 비만으로 스트레스를 해소하기 위한 술과 음식은 대체로 칼로리가 높다. 또 잠을 자기 직전에 먹는 경우가 많아 섭취된 칼로리가 소모되지 않고 거의 지방으로 변환, 축적된다.

- 간식이나 술, 담배대신 운동과 기타 취미활동으로 해소하도록 노력한다.
- 음식조절, 운동요법, 정신요법, 냉온탕 목욕요법이 병행되어야 한다.

세 번째, 부종형 비만으로, 대소변의 불편이 심하다 보니 부종에서 비만으로 옮아 왔다고 호소하는 경우가 많다. 섭취한 음식의 양이 많지 않은데도 체중이 늘어난다.

- 이런 사람들의 대다수가 변비가 있거나 흡수되는 수분에 비해 소변이 아주 적다.
- 이들은 저녁이나 아침에 몸이 붓는 듯한 느낌에 체중이 증가한다.
- 살이 물렁물렁해 뉘어 놓으면 복부가 양 옆구리 쪽으로 퍼져 내려앉는다. 이때 한쪽 옆구리를 손가락으로 툭툭 치면 물결을 일으키듯 복부가 출렁댄다. 또 일어서면 아랫배가 아래로 힘없이 처진다. → 30대 중반 이후 여성에게 다발한다.
- 이런 증상의 원인은 소화능력은 좋은 반면 변비, 부종 등 대소변의 배설 기능이 떨어지는 것이다.

네 번째, 임신성 비만이다. 생리기간이나 임신기나 수유기에 많은 에너지가 소모되므로 이에 대비하기 위해 식욕증가, 소화, 흡수 기능을 촉진시켜 미리 지방을 축적시킨다.

특히 임신 중에 절제 없는 과식 → 태아 몸무게를 지나치게 증가시켜 뱃속에서 부터 태아를 비만 체질로 만들어버린다. → 출산시 난산, 제왕절개 수술도 어렵게 만든다. 수술 후유증, 산후 회복에 장애가 발생할 수 있기 때문에 식습관 조절에 노력을 해야 한다.

증가된 체중이 임신 전의 체중으로 돌아오는 데는 대개 출산 후 5개월 내외이다. 하지만, 세월이 가면 살이 저절로 빠질 걸로 기대하고 방심하는 사이 비만증으로 되어간다.

나이를 먹으며 출산 횟수가 늘어남에 따라 체중이 감당할 수 없게 늘어나는 경우도 흔하다. 근래 수유기에 분유보다 모유를 먹이도록 비만 전문가들이 권하고 있다.

예 모유를 통해 하루 약 800kcal(한 달에 3.2Kg 체중 감소량)의 에너지를 아기에게 전해주기 때문이다.

다섯 번째, 40대 이후 **노화성 비만**이다. 노화성 비만의 원인은 일차적으로 성 호르몬의 기능저하에 비례하여 효과적인 에너지 소모 능력의 저하, 나이가 들수록 생활여건이 호전되어 음식을 과다하게 섭취하는 반면, 운동량 저하로 인해 나타난다.

- 50대 이후 무리한 체중감량은 관절염이나 잦은 감기 등을 유발하여 2차 질환 유발할 수 있기 때문에 주의해야 한다.
- 노년기 비만환자는 매달 목표된 체중감량치는 줄이되 감량기간을 늘리는 것이 좋다.

  예 첫달 5-4Kg , 둘째달 4-3Kg , 셋째달 3-2Kg , 넷째달 2Kg

🗂 사상체질과 비만

- 비만하기 쉬운 체질 : 태음인비만체질의 80%, 소양인20%

  예 토끼처럼 조금만 먹어도 마구 체중이 불어나는 사람
- 마르기 쉬운 체질 : 소음인마른 체질의 80% 이상, 소양인20% 이하, 태양인1% 미만

🏃 태양인

- 폐대간소肺大肝小 : 에너지 소모 배설 기능이 강하다.
- 소화, 흡수, 축적 기능이 약하다. → 정상체형 내지 마르기 쉬운 체질

🏃 소양인

- 비대신소脾大腎小 : 에너지 흡수, 축적 기능이 강하다.
- 소모, 배설 기능이 약하다. → 비만 체질이 될 수도 있는 사람

🏃 태음인

- **간대폐소**肝大肺小 : 에너지 흡수, 축적 기능이 강하다.
- 소모, 배설 기능이 약하다. → 비만하기 쉬운 체질

🏃 소음인

- **신대비소**腎大脾小 : 에너지 소모, 배설 기능이 강하다.
- 흡수, 축적 기능이 약하다. → 마르기 쉬운 체질

🔍 사상체질 성격

- **태음인의 성격**   정직하고 고집이 세다. 마음의 변화가 적거나 느리다. 성질이 쉽게 열(스트레스)을 안 받고 느릿느릿 하다 → 음식에 욕심이 많은 단순 과식성 비만자가 대부분이다.
- **소양인의 성격**   성격이 급하여 발끈발끈 한다. 참을성이 없고 화가 나면 표정을 감추지 못한다. 성질이 싹싹하고 인정이 많으나 또한 스트레스를 쉽게 받는다. → 성격이 까다로워 쉽게 열을 받고, 이를 해소하려 스트레스성 과식을 한다.

비만증을 사상체질, 즉 유전적 원인으로만 볼 수는 없다. 후천적 요인, 즉 나이, 음식, 질병, 수술, 출산, 환경에 의한 비만 체질화 된다. 속이 냉하여 먹기만 하면 소화가 잘 안 되고 설사를 하던 비쩍 마른 사람이 보약이나 약물 남용으로 체질이 바뀔 수 있다.

📋 비만, 다이어트

인체는 수분_{체액} 60%, 근육 20~22%, 지방 10~15%, 뼈 5% 정도로 구성되어 있다. 빠른 체중감량을 위한다면 수분의 양을 감소시키는 것이 가장 빠른 방법일 것이다. 하지만 이러한 방법은 바로 요요현상을 나타나게 한다. 이뇨제에 의한 수분 손실에 의한 체중감량은 세포 내, 외액의 비정상적인 이동으로 전해질 불균형이 발생되고 이로 인해 세포 내 신진대사가 원활히 진행되지 않아 대사증후군의 문제가 나타나게 됨으로 좋은 다이어트 방법은 아니다.

비만의 원인은 불균형한 영양섭취, 운동부족 등 여러 가지 원인이 있지만 가장 중요한 원인은 인슐린 저항성이다. 인슐린 저항성은 체내에서 인슐린이 효율적으로 사용되지 못하는 것이다. 비만인 사람은 혈액 내의 포도당을 일정하
게 유지시키는 인슐린의 작용이 원활하지 못하는 대사장애로 인한 문제가 대부분이다.

정상인 경우 섭취한 탄수화물이 혈당의 형태로 혈액에 저장되어 있다가 세포조직에서 인슐린과 결합해 에너지를 발생시키게 되는데, 비만, 당뇨환자는 이 과정이 제대로 이루어지지 않는 신진대사 불균형인 상태가 된다. 스트레스, 운동부족, 과식 등의 좋지 않은 생활습관으로 인해 신진대사가 제대로 되지 않으면 혈액 내의 혈당이 정상범위를 넘게 되고, 이

렇게 남은 혈당은 체지방으로 변해 비만을 유발하게 된다.

　비만과 과체중은 현대 사회의 전반적인 문제로 확산되고 있다. 미국의 경우 전국민의 60% 이상이 비만인 상태에 있으며, 이보다 더 심각한 것은 비만인구 중 어린이가 25%를 차지하고 있다는 것이다. 이렇게 지속되어간다면 비만은 국가적 재앙이 된다.

　이로 인해 다이어트와 건강관련 분야는 전 세계적으로 거대한 산업을 형성하고 있다. 여성들은 아름다움에 대한 열망이 아주 강하다. 아름다움은 날씬한 것만이 아니라 반드시 건강까지 포함되어야 한다. 하지만 대부분의 사람들은 건강한 아름다움보다는 날씬함만을 선호한다. 날씬한 외모를 갖기 위해 위험을 무릅쓰고 건강을 해치는 일에는 무관심하다는 것이다.

　과학적으로 검증되지 않은 여러 다이어트 관련 제품들은 이러한 사람들의 심리를 활용하여 관심을 끌도록 하고 있다. 이러한 제품은 여러 가지 부작용도 있지만 치명적인 건강의 문제를 야기한다는 것이 더 큰 문제이다. 신장 기능의 문제나, 간 손상, 우울증, 불면증, 자살 등 정신적 장애까지도 발생되기도 한다.

비만은 염증

　모든 질병의 근원은 염증에서 비롯된다. 비만도 질병에 포함된다. 체내 염증을 컨트롤 하지 않으면 비만은 해결하기 어렵다. 그러므로 염증이 유발되지 않는 몸 상태로 만들어주는 것이 필요하다. 이를 위해서는 염증을 유발시키는 음식을 삼가는 것이 우선이다.

글루텐성분이 많은 밀가루 음식, 유제품, 튀김류는 삼가는 것이 좋다. 신진대사가 원활하게 이루어진다면 염증을 없애는데 도움이 되기 때문에 적절한 운동과 식이요법이 시행되어야 한다.

인체의 면역력의 70%는 장에서 담당을 한다. 염증이 생기지 않는 건강한 신체는 건강한 소화기관에서 비롯된다. 현대사회에 퍼진 질병의 90%는 장 기능이 정상적으로 작용하지 못하기 때문에 발생되는 것이라고 한다.

장내환경이 좋지 않은 부패한 배설물 상태로 장 기관 벽에 붙어 있는 숙변, 이 숙변에 포함되어 있는 화학적인 식품 방부제, 중금속 등은 오랜 기간 동안 장 기관에 머물러 유독한 독소물질을 배출한다. 이는 비만, 피로감, 당뇨병, 암, 정신적인 질환 등의 여러 가지 문제를 발생시키는 원인이 된다. 이를 해결하기 위해서는 장내환경을 좋게 만드는 해독이 반드시 필요하다. 해독을 통하여 장내 부패 배설물이 제거되고 그로인해 신진대사가 원활하게 되도록 만드는 것이다.

장 해독의 효과

장 해독을 하면 체내 독소 노폐물이 제거되면서 여러 가지 부수적인 효과를 얻을 수 있다. 장 해독뿐만 아니라 인체의 7개 배출기관의 해독이 전체적으로 필요하다. 배출기관의 해독으로 복부비만이 줄어들고, 체중 감소, 복부 팽만감, 만성적인 피로감, 통증 등 여러 가지 만성질환이 해결된다. 복잡한 인체 치유의 핵심은 해독이 우선되어야 한다. 이 해독의 과정을 거침으로 병의 증세나 조건에 상관없이 건강이 크게 향상되는 결과가 나타난다.

단식 - 해독의 힘

뇌는 간과 근육에서 분해된 글리코겐으로 만들어진 포도당을 끊이지 않고 계속 공급 받는다. 그러나 글리코 겐 저장고는 그 정도의 양만 제공할 수 있다. 저장된 글리코겐이 줄어들면 인체 대사가 주로 근육에 있는 단백 질의 아미노산에서 새로운 포도당 분 자를 생성하는데 이 과정을 '포도당 신 합성gluconegogensis'라고 부른다.

포도당 신합성의 이로운 측면은 인체에 필요한 포도당을 추가한다는 점이고, 해로운 측면은 근육을 희생시킨다는 점이다. 다행스럽게도 인체 생리는 뇌에 힘을 더하는 또 하나의 경로를 제공한다. 3일 정도 단식을 하면 간이 체지방을 사용해 케톤을 생성하기 시작한다. 이때 베타-HBA 가 뇌에 효율적인 연료원이 되어 단식을 하는 동안 인지 기능이 연장된다. 이런 대체 연료원은 포도당 신합성에 대한 의존성을 줄임으로써 근육을 보호한다.

하버드 의과대학 조지F. 카힐 교수는 "주요한 케톤인 베타-HBA는 포도 당보다 더욱 효율적으로 ATP에너지를 생산하는 초강력 연료라는 점이 밝혀졌다. 이것은 또한 알츠하이머병이나 파킨슨병과 관련된 독소를 노출 했을 때 배양된 조직의 신경 세포를 보호하는 작용을 했다."며 장을 해독 하는 것은 곧 뇌의 문제를 해결하는 가장 근원 치유가 됨을 시사했다.

코코넛유를 식단에 추가하는 것만으로도 쉽게 얻을 수 있는 베 타-HBA가 항산화 기능을 향상시키고 미토콘드리아 수를 증가시키며, 새 로운 뇌 세포의 성장을 자극한다.

단식은 뇌유리성장인자BDNF의 생산을 위한 유전적 장치뿐 아니라 Nrf2경로를 자극해 해독을 강화하고 염증을 줄이며 뇌를 보호하는 항산화제가 많이 생산되도록 한다.

단식을 하면 포도당을 연료로 사용하던 뇌가 간에서 만들어진 케톤을 연료로 사용하게 된다. 뇌가 케톤을 연료로 대사할 때, 미토콘드리아의 복제를 유도하는 미토콘드리아 유전자가 작동할 뿐 아니라 세포 자살의 과정세포사멸이 감소한다. 단식은 에너지 생산을 증진하고 뇌의 기능과 명료함을 개선시킨다.

혈당지수GI를 알면 다이어트에 도움이 된다.

혈당지수GI, Glycemic Index가 낮은 식품으로 식사를 할 경우 하루 섭취하는 총열량이 낮아진다. 혈당지수가 낮은 식품을 섭취하게 되면 포만감을 더 오래 느끼게 되기 때문에 간식이나 과식을 피하게 된다. 당분이 많은 가공식품 대신 혈당지수가 낮은 식품으로 식이습관을 바꾸는 것이 다이어트를 하는 방법 중 간단하면서도 실용적인 방법이다.

혈당지수는 탄수화물을 포함한 식품이 얼마나 혈당치에 영향을 미치는가를 숫자로 표시한 것이다.

지방조직의 종류

지방조직은 백색 지방조직과 갈색 지방조직으로 분류된다.

갈색지방조직은 견갑골과 겨드랑이 부위, 신장주위 등에 소량으로 분포되어 있으며, 추울 때 열을 발산시켜 체온을 유지하는 기능을 한다. 또, 갈색 지방조직은 교감신경의 직접 지배로 지방분해 조절을 하며, 미토콘드리아 내막에 UCP1-발현, 지방분해 열로 변환된다.

추운 곳에 노출이 되거나 운동 등으로 교감신경이 자극되면 에피네프린이 분비되어 UCP-1이 생산된다. 이는 갑상선 호르몬에 의해 생성되며 Adenylcyclase활성화, Protein Kinase활성화, Hormone Sensitive Lipase HSL활성화로 지방 세포 내 중성지방 TG을 분해하여 체중감소에 도움이 된다.

백색 지방조직은 피하지방층과 내장주위 등에 분포한다. 이 지방조직은 금식이나 스트레스 등의 지방분해 에너지원으로 사용된다. 이 백색 지방조직은 카데콜아민 Catecholamine과 글루카곤 Glucagon에 의해 지방분해, 렙틴으로 중성지방 TG 저장 조절된다.

체지방량 증가시 시상하부에 신호를 전달하여 식욕억제 호르몬인 알파-MSH를 분비하고, 식욕촉진 NPY Neutropeptide를 억제한다. 렙틴은 식욕억제와 에너지 소모를 증가시키는 역할을 한다. 비만자는 이 렙틴의 기능부전이 나타나고 시상하부 식욕중추 포만감 신호가 늦게 반응한다. 이는 식습관 불균형으로 렙틴 합성 아미노산 결핍으로 나타나기 때문에 균형 잡힌 식습관 개선이 선행되어야 한다.

백색 지방조직의 비대형은 복부 상체 비만형 사과비만이며 지방 세포 크기가 증가하고 대부분 남성형 비만이며 대사성 질환 위험성을 가진다. 후천성 성인비만이 이에 포함된다. 증식형은 엉덩이 하체 비만형 서양배 비만이며 지방세포수가 증가한다 20배 이상. 여성형 비만에 많이 해당하며 선천성 소아비만이 증식형에 해당된다.

내장지방형 비만은 장지 내부, 장기 사이에 축적된 지방으로 당뇨병, 고지혈증, 심근경색, 뇌졸중 등 만성질환을 유발하는 위험요인이 된다. 중년 이후 성인형 비만인 경우 내장지방형 비만이 많이 나타난다.

피하지방형 비만은 피부층 바로 밑에 쌓여있는 지방으로 대사적으로 큰 문제를 일으기지 않는다. 성장기 청소년비만이나 스모선수 등은 피하지방형 비만이다.

🍶 지질이란?

수많은 지방들을 모두 합쳐 총괄적으로 지질이라 한다. 지질은 체온방출을 막아 체온을 일정하게 유지시키고, 외부환경과 경계막으로 이물질의 침투를 막는 방어막, 에너지 저장고 역할을 한다. 또한, 지방단백으로 콜레스테롤과 저장형 지방 운반체, 콜레스테롤은 호르몬과 담즙산의 합성원료, 인지질과 콜레스테롤은 세포막의 구성 물질이며 지용성비타민과 프로스타글란딘의 원료이다.

지질은 중성지방저장형지방과 지방산으로 분류되는데 지방산은 포화지방산과 단일 불포화지방산, 다중 불포화지방산으로 구분된다. 다중 불포화지방산은 하나의 지방산에 2개 이상의 불포화결합이중결합이다. 이는 일부 천연식물과 차고 깊은 바다에 서식하는 등푸른 생선에 함유되어 있다.

필수지방산은 인체에 절대 필요한 불포화지방산으로 체내에서 합성되지 않아 매일 일정량 식품을 통해 섭취되어야 한다.

필수지방산 오메가-3인 LNA식물에서 유래, EPA어유에서 유래 - 등푸른 생선, DHA어유에서 유래 - 등푸른 생선는 녹색잎 식물, 어유, 아마인유, 들기름에서 유래된다.

오메가-6인 LA, GLA는 달맞이꽃 종자유, 홍화유 등에서 유래한다. 오메가-6인 AA는 동물성지방이나 튀김음식에서 유래하는데 과도한 섭취는 염증을 유발하기 때문에 적절하게 조절해야 한다.

필수지방산인 오메가-3와 오메가-6지방산은 1:1의 비율로 섭취를 해야 염증이 발생되는 것을 예방할 수 있다. 비만은 염증의 유발로 인해 나타나기 때문에 다이어트를 위해서는 반드시 식이습관을 잘 유지해야 한다.

오메가-3지방산은 뇌의 구성 성분으로 학습능력과 집중력 증대, 정신질환 개선에 도움이 되며 또, 망막과 눈물의 구성 성분으로 시력, 망막증, 안구건조증 개선에 도움이 된다. 또한, 신경세포의 구성 성분으로 신경전도에 주요한 역할을 하기 때문에 운동능력 증진에 효과가 있다. 심장병, 고지혈증, 동맥경화의 개선과 과잉 염증반응의 억제로 알레르기, 아토피, 자가면역질환의 개선에도 효과가 있다.

암의 성장과 전이의 억제작용, 세포막 인지질에 오메가-3불포화지방산 결합이 많을수록 인슐린저항성이 줄어들어 인슐린저항성 개선으로 당뇨 관리에 효과적이다.

건선인 경우 지방대사의 이상과 과립구의 공격으로 조직이 손상되어 유발되는 것으로 오메가-3를 건선이 나타나는 부위에 발라도 효과가 있다. 또한, 주의력 결핍과 과잉행동장애의 개선 및 우울증, 류마티스관절염, 생리통완화, 안면홍조 개선 및 중성지방의 합성을 억제하여 다이어트에 효과적으로 작용한다.

포화지방산이 위험한 이유는 굳어지는 성질 때문에 동맥경화의 위험성과 세포막의 인지질에 포화지방산이 과다하게 결합되면 세포막의 유동성이 사라지고 딱딱한 고형세포막이 형성되어 세포막으로서 기능을 상실하게 되기 때문이다.

세포막 지질의 두 개 지방산은 불포화 결합이 5~6개가 형성된 EPA와 DHA로 채워져 주변체액과 유사한 유동성을 갖게 될 때 건강한 세포막의 기능이 일어난다. 만일 세포막의 유동성이 사라지면 세포막을 통한 각종 이온통로가 차단되고, 펌프 기능이 작동하지 못하며, 각종 수용체가 세포막에 달라붙지 못하게 되어 세포 내외로 영양소와 독소 노폐물의 교환이 불가능해진다. 그럴 경우 삼투압에 의한 체액의 이동이 불가능해지므로 신진대사의 장애가 발생하게 되어 부종과 비만 등 여러 이상 증상이 나타나게 된다.

🗡 비만이 유발하는 대사성 질환

비만으로 여러 대사성 질환이 발생하게 되는데 체중의 증가로 골관절염, 콜레스테롤 및 지단백 증가로 고지혈증, 부신피질 호르몬 증가로 고혈압, 이로 인한 뇌출혈, 뇌졸중이 발생하고 많은 탄수화물과 단백질 섭취로 혈당이 상승, 과잉의 아미노산으로 인슐린 분비량이 증가, 췌장 소모세포가 증식되어 당뇨병이 발생한다. 당뇨병과 고지혈증으로 죽상동맥경화가 나타나 이로 인해 허혈성 뇌질환, 허혈성 심장질환 발병으로 뇌졸중이나 심장마비가 나타나게 된다.

혈액 중 고농도로 순환하는 고지방혈이 VLAL+TG 고지혈증을 유발하고 동

맥혈이 죽상으로 경화된다.

죽상 혈전으로 혈액 순환이 차단되어 심근경색, 허혈성 뇌질환, 뇌출혈, 뇌졸중 등이 발생한다.

> ### ♀ 인슐린 저항성(Insulin Resistance)
>
> · 탄수화물을 섭취하면 포도당으로 분해되는데 탄수화물을 과다 섭취하게 되면 혈당치 과잉 상승하게 되며, 췌장에서 인슐린이 과다 분비되게 된다. 그러므로 췌장의 베타세포 탈진으로 인슐린 분비세포 기능이 상실되어 인슐린 분비 기능 이상이 나타나게 된다. 또한, 인슐린이 수용체에 접근이 어렵게 됨으로 인슐린 수용체 결여 혹은 인슐린 수용체 기능 이상이 발생된다.
>
> · 인슐린은 혈중 포도당을 세포 속으로 넣고 과잉 포도당을 지방으로 축적한다.

골관절염은 체중 1Kg이 증가하면 무릎 관절에는 7Kg의 무게가 실리게 된다. 이렇게 되면 연골에 문제가 발생되면서 관절염이 나타난다.

🥄 에너지 소모량 구성요소

> 총 에너지 소모량 = 기초 대사량 + 음식 열생성량 + 신체활동 소모량

기초대사율은 식후 12~18시간 적정온도 환경에서 정신적, 육체적으로 휴식하는 사람의 에너지 소모량이다.

> 기초대사량(체중×24Kcal)

휴식대사율RMR : Resting metabolic rate은 심장, 신장, 뇌, 간 기능 및 생화학적 대사 등 생명을 유지하는데 필요한 에너지량이다. 전체 RMR중 장기가 58%, 근육이 22%다.

- 음식 열생성DIT 또는 TEF량 : Dietary - induced thermogenesis/Thermic effect of food
  - 섭취에너지 10%에 해당. 인슐린 저항성 비만자, 제2형 당뇨 환자는 TEF가 감소한다. 저 열량식 중단 후 체중증가, 원인은 열생성 결함 때문이다.
- 신체활동소모량 Energy expenditure of physical activity : BMR의 30~50%, 나이 들면 장기 기능저하, 대사 기능저하, 근육량 감소로 이어진다.

🔲 다이어트 상식

🔹 잠 적게 자면 살찐다.

수면이 부족하면 신진대사가 제대로 이루어지지 않아 살이 찌게 된다. 스웨덴 웁살라 대학의 크리스천 베네딕트 박사는 수면 부족이 대사활동을 저하시켜 에너지 소모를 줄임으로써 체중이 늘어난다는 사실을 입증했다.

이 연구팀은 남자 대학생 14명을 대상으로 수면시간을 줄이거나 전혀 수면을 하지 않도록 하거나, 정상적인 수면을 하도록 하는 일련의 실험을 통해 식사량, 혈당, 호르몬, 대사율 변화를 측정한 결과 하룻밤만 잠을 자지 못해도 다음날 아침 호흡, 소화 등에 의한 에너지 소모가 정상적인 수면을 취한 경우보다 5~20% 감소하는 것으로 나타났다. 수면을 제대로 취하지 못하면 공복혈당이 올라가고 식욕촉진 호르몬과 스트레스 호르몬이 증가한다고 밝혔다.

베네틱트 박사는 "단 하루밤의 수면 부족이 건강한 사람의 주간 에너지 소모에 큰 영향을 미치는 것으로 나타났다"며 잠을 충분히 자는 것이 비만을 예방하는 방법이 될 수 있다고 말했다. 이 연구결과는 수면 부족이 공복감을 촉진시키고 칼로리 연소율을 둔화시키기 때문에 체중증가로 이어진다는 사실을 확인했다. 기존 연구에서도 하루 5시간 이하로 잠을 자는 사람이 비만과 성인형 당뇨병에 취약하다는 사실이 밝혀지기도 했다. 비만을 예방하기 위한 다이어트를 위해서는 적절한 수면시간을 유지하는 것이 건강한 다이어트를 하는 방법이다.

🥄 비만은 전염될까?

가족, 친구 등 가까운 사람 가운데 비만인 사람이 많으면 비만이 될 가능성이 급격히 높아진다는 학설이 제시됐다. 흥미로운 사실은 한 집에서 생활하거나 같은 유전인자를 나눈 가족보다 친구가 비만에 영향을 미치는 것이 더 크다는 것이다.

하버드 의대의 니콜라스 크리스태키스Nicholas A. Christakis박사는 주변 사람의 생활습관 등이 비만에 미치는 영향에 관한 논문의 연구결과로 어떤 사람이 비만해진 경우 비슷한 시기에 그 사람의 친구가 비만이 될 가능성은 57% 상승하며, 형제자매의 경우에는 그 가능성이 40% 높아졌다고 밝혔다.

성별로는 비만인 사람과 동성 친구들이 비만으로 바뀔 확률은 71%로 증가하는 반면 이성 친구가 비만에 대해 미치는 영향은 크지 않은 것으로 나타났다. 비만이 주변 사람에게 영향을 미치는 현상은 비만인 사람들이 적당한 신체 사이즈라고 생각하는 기준을 쉽게 바꾸기 때문이라고 한다. 주위사람들이 비만인 경우, 자주 어울리면서 비만 상태를 자연스럽게 받아들이게 되고 비만에 대한 경계심이 무너지게 되면서 이런 생각이 점차 확산된다는 것이다.

🏃 운동을 하는데 땀이 나지 않을 정도의 운동은 다이어트를 위한 운동으로 충분하지 않다?

땀을 흘리지 않을 정도의 운동으로도 많은 양의 칼로리를 소모할 수 있다. 운동은 본인의 운동량에 80% 정도의 중강도 운동이 적당하다. 운동을 하면서 고통을 느껴서는 안 된다. 고통을 감수하면서 하는 운동은 절대 도움이 되지 않는다. 다이어트를 위한 고강도 운동은 오히려 항산화물질이 많이 생성되어 건강한 다이어트를 하는데 도움이 되지 않는다.

🏃 운동하기에 가장 좋은 시간은 이른 아침이다?

최적의 운동 시간은 정해진 것이 아니다. 운동하기 가장 좋은 때는 본인이 하고 싶은 시간이나 일정상 정기적으로 운동하기 적당한 시간이면 된다. 적절한 시간과 중강도의 적당한 운동으로 스트레스를 풀고 에너지를 충전하는 방법을 운동의 목적으로 삼는 것이 좋다.

🏃 신체 특정부위에 운동을 집중적으로 하면 그 부위의 살만 뺄 수 있다?

이를 스팟 트레이닝Spot training이라고 하는데 이런 운동방식은 특정 부위의 근육을 강화시키는데 도움이 되지만 지방을 감소시키지는 않는다. 예를 들어, 윗몸일으키기를 하면 복근을 강화시킬 수 있지만 뱃살이 빠

지지는 않는다. 조깅을 하면 몸 전체의 지방을 연소시키지 다리의 지방만 연소하지 않는 것이다. 다이어트의 가장 중요한 것은 몸 전체의 대사작용이 이루어지느냐에 의해 결정된다.

미네랄이 없으면 독소제거와 다이어트는 없다.

미네랄은 생체전기전도를 일으키는 전해질이다. 미네랄이 몸에 흡수되면 골격근 및 조직에 단백질과 결합하여 유기미네랄 상태로 존재하고, 일부는 세포내액과 세포외액에서 이온상태로 체액과 함께 전신으로 순환된다. 이온미네랄은 생체전기전도 뿐만 아니라 물의 이동, 약알칼리유지 pH7.4, 효소반응촉진 등의 생명 활성작용 물질로 작용한다. 세포막 사이의 생체전기는 보통 약 50mV정도 되는데, 생체전기는 생물체 내에서 생기는 전위, 전류이다. 이온화되지 않는 미네랄의 섭취는 우리 몸에 무용지물이다. 반드시 생체전기전도가 일어나는 이온화되는 미네랄을 섭취해야 한다.

인체의 pH는 약알카리인 7.4가 가장 적정수준이고, 이때 효소의 활성도가 가장 높게 나타난다. 이 범위를 벗어나면 생명을 유지할 수 없다. 그러므로 미네랄의 균형 있는 섭취는 염기도를 약알칼리성으로 유지시켜줌으로써 면역력을 강화시키고 질병의 자연치유력을 향상시켜주는 중요한 작용을 한다.

미네랄은 신경, 전기적 시스템 운영의 기본요소로 신경자극전달, 근육의 수축과 이완 등 우리 몸의 생화학적, 전기적 작용을 담당하는 효소의 생성과 기능에 필수적이다. 우리 몸에는 약 1,300여 가지 효소가 존재하는데, 이 효소들이 약 15만 가지의 생화학적, 전기적 반응을 수행한다. 만약, 이 효소의 기능이 제대로 작용하지 않으면 우리 몸은 어떠한 동작도 일어나지 않게 된다. 미네랄의 전기작용에 의해 세포는 수축과 이완작용이 이뤄진다. 세포의 수축작용은 칼슘, 이완작용은 마그네슘이 관여한다. 심장이 뛰고, 혈관이 수축과 이완을 하게 된다. 미네랄의 부족은 자율신경 기능을 저하시켜 근육경련, 변비, 눈 떨림, 고혈압, 심장병, 신경불안증, 불면증, 집중력 저하, 신경과민 등의 증상으로 나타난다.

중금속의 배출을 위해서는 미네랄의 밸런스가 중요하다.

환경오염의 영향으로 중금속에 의한 질병이 증가하고 있다. 이 중금속은 신경계에 문제를 일으키는 독성이 있고, 체내 축적되어 단백질 조직의 변형을 유발하고 신경교란에 의해 면역체계의 혼란과 신경계의 혼란을 유발하게 된다. 중금속은 미량이라도 체내에 축적되면 잘 배출되지 않고, 단백질에 쌓여 장기간에 걸쳐 부작용을 일으키게 된다. 현대인들은 환경오염 속에서 어느 누구도 중금속으로부터 자유로울 수 없다. 중금속이 체내 축적되지 않도록 효소활성을 위한 미네랄의 균형이 무엇보다 중요하다.

미네랄이 없으면 다이어트는 없다.

비만은 조금 많이 먹었다고 바로 살이 찌고, 조금 적게 먹었다고 살이 빠지는 것이 아니다. 내분비의 장애와 호르몬의 불균형, 면역체계의 불균형 등의 원인도 있지만, 대부분 식습관과 관련이 있다. 유전적인 비만은 식사습관 및 생활습관이 비만에 영향을 미치는 것이다.

비만은 외적인 면에서도 좋지 않지만, 건강적으로도 심각한 문제를 야기 시키게 된다. 비만인 사람은 정신건강 측면에서도 삶의 만족도가 현저하게 떨어져, 우울증 등의 신경 정신적 측면에서도 문제가 생긴다.

비만을 해결하기 위해서는 살을 빼는 성분을 섭취하는 것이 아니라 신진대사를 위한 활성물질의 공급을 최대한 보충시켜줘야 한다. 무조건적인 식사제한으로 다이어트를 진행하는 것은 요요현상뿐만 아니라 건강상의 문제를 일으킬 수 있다. 다이어트를 위해서는 칼로리 제한을 위한 식이요법도 중요하지만 활성물질인 미네랄, 효소, 비타민, 식이섬유의 공급을 늘려야 한다.

특히, 미네랄은 활성물질인 효소와 비타민의 활성작용에 없어서는 안되는 필수영양소이다. 모든 효소는 활성물질인 미네랄에 의해 활성화된다. 미네랄은 태우는 영양소다. 활성물질인 미네랄이 부족하면 효소의 활성 능력이 떨어져 소화, 흡수, 해독, 배설 등의 신진대사 기능이 저하되어 비만이 되고 당대사의 이상, 심뇌혈관질환의 문제가 발생된다.

미네랄은 효소 활성화로 신진대사를 활발하게 하여 정신안정에 도움을 주기 때문에 다이어트에 없어서는 안 되는 가장 중요한 필수영양소이다.

🔳 뱃살 잘빠지지 않는 이유

🛏 잠이 부족하다

수면은 정신적 혹은 신체적으로 소진된 에너지를 회복시키는 역할만 하는 것이 아니다. 식욕을 조절하는 호르몬의 수치를 일정하게 유지하는 것도 충분한 수면 덕분이다. 잠이 부족해지면 이 호르몬의 분비가 줄어들면서 식욕을 참기 어려워진다.

수면시간이 부족하면 공복 호르몬이라고 불리는 그렐린은 더 많이 분비된다. 이 호르몬이 분비되면 배고픔을 느끼게 돼 식욕이 당기지만 포만감을 느끼도록 만드는 호르몬인 렙틴의 수치는 반대로 떨어진다. 식욕을 조절하기 힘들다면 평소 7~8시간 정도 충분한 수면을 취하고 있는지 살펴봐야한다.

🏊 중심부 운동을 소홀히 한다

복부, 허리 등과 같은 코어_{중심부} 기르기 운동을 생략해도 살이 잘 안빠진다. 유산소운동만 하면 수분과 근육 손실이 너무 크기 때문이다. 일반적인 코어운동인 플랭크, 자전거 크런치, 할로우 락, V자 윗몸일으키기 등을 매일 몇 세트씩 반복하는 것이 좋다.

뱃살빼기의 효과를 더욱 높이려면 코어뿐 아니라 전반적인 웨이트 트레이닝 등을 해야 한다. 하버드대학교에서 발표한 논문에 따르면 유산소운동과 더불어 하루 20분씩 근력운동을 한 사람들은 유산소운동만 한 사람들보다 뱃살이 잘 찌지 않는다. 근육량이 늘어날수록 신진대사가 활발해져 더 많은 지방을 연소하기 때문이다.

🏊 스트레스에 시달린다

스트레스도 뱃살이 늘어나는 원인이다. 만성적인 불안감이나 염려증은 스트레스 호르몬인 코르티솔 분비를 유도한다. 이 호르몬이 분비되면 우리 몸은 지방이나 설탕처럼 칼로리가 높은 음식을 보상으로 찾게 된다. 또, 코르티솔은 새로운 지

방 세포를 만들도록 유도해 내장지방이 쌓이도록 만든다. 내장지방은 다양한 만성질환의 원인이 되기 때문에 평소 스트레스 조절을 잘 해야 한다.

노화와 함께 신진대사가 떨어졌다

모든 신체 기능은 노화와 더불어 날이 갈수록 떨어진다. 칼로리를 소진하는 능력 역시 마찬가지다. 일반적인 남성들은 매년 하루 칼로리 소비량이 10칼로리씩 줄어든다. 하루 10칼로리면 적은 양처럼 보일수  도 있지만 1년이면 0.5kg이 찌게 되는 셈이다. 따라서 하루 칼로리 섭취량은 나이도 고려해야 한다. 현재보다 하루 100~200칼로리만 덜 먹어도 살은 덜 찌거나 빠진다. 만약, 5Kg이상 살을 뺄 생각이라면 평소보다 400~500칼로리 정도는 덜 먹어야 한다.

평생의 숙제 다이어트

진단방법

질병을 예방 치료하기 위해서는 우선 인체의 근원을 살펴야 한다. 조기에 발견하고 조기에 예방 치료해야 한다. 병이 시작되기 전에 다스리는 것이 질병 진찰에 있어서 최고의 원칙인 것이다. 증상을 예방 치료하기 위해 중요한 것은 진단이다.

장부에 병이 있으면 반드시 장부에 소속된 상응부위 상에 반영되어 지므로 내재한 장부의 병리변화를 판단함으로써 질병의 원인과 소재를 파악하여야 한다.

진단이 잘못되거나 진단을 하지 않고서는 상태를 알 수 없고 병을 다스릴 수도 없다. 진단이 잘못되면 치료가 전혀 다른 방향으로 흘러감으로써 시간적, 경제적 손실은 물론, 생명의 위협까지도 초래될 수 있는 것이다. 그러므로 원인을 정확히 분석, 판단하여 치료의 과정을 결정해야 한다. 정확하게 진단함으로써 정확한 치료를 할 수 있는 것이다.

비만도 마찬가지다. 비만의 원인을 정확히 파악하게 되면 어떻게 다스려야 할지 명확해지기 때문에 건강한 다이어트를 시행할 수 있게 된다.

🔲 비만의 진단방법

전통적인 비만은 단순한 과체중이었으나 현재는 체지방 비만, 내장지방, 혈관 지방 등으로 해석의 범위가 확대되어지고 마른비만, 소아비만, 산후비만 등으로 세분화되어가는 추세이다. 그러므로 정확한 비만을 판단하기 위해 비만도 계산법이 중요하다.

종류	계산법	판정
Broca식 계산법	(키-100)× 0.9	이는 가장 오래 되었으며 미국의 생명보험회사가 기초한 방법으로 미국 사람의 기준에서 다소 수정해 사용되어 왔는데 누구나 손쉽게 자신의 차이점을 고려해 체중을 계산할 수 있다. 실제의 체지방 상태를 반영하지 못해 신뢰할 만한 진단 기준은 아니다. 현재의 체중이 표준체중의 120%이상인 경우 비만이라고 한다.
체질량지수 (BMI지수)	체중/신장2 (kg)(m)	이는 표준체중을 구하는 공식처럼 신장과 체중을 사용한다. 이 수치는 약 20~25정도면 정상이라고 할 수 있다. 한국여성은 대략 20~22정도면 정상으로 추정한다.

종류	계산법	판정
허리/엉덩이 둘레	허리/엉덩이 둘레 =0.80-0.85 (여성)	· 비만을 분류하는 기준에서 두 가지가 있는데 남성형(상체형)과 여성형(하체형)으로 크게 나뉜다. 상체가 많이 나올수록 동맥경화증을 일으킬 위험성이 높다. 체중이 안전한 변위에 있다고 해도 체형에 따라 위험할 수 있다는 것이다.
상체 4군데의 피부두께	측정치	· 고전적인 방법으로 견갑골 아래 이두근, 삼두근, 하복부 피부를 '캘리퍼스'의 집게형 기구로 잡아 잡힌 피하지방 부위의 두께를 평균한다. 이는 여성에서 약30~35mm이상이 잡히면 비만으로 규정한다.
의학적측정	수중비만 측정법	· 최소한의 옷을 입고 물속과 실온상의 체중을 재는 방법으로 일부 병원에서 사용되고 있다. 그러나 측정자 간의 오차로 인해 학술적인 진단기준으로 적용되는데 한계가 있다.
	초음파	· 초음파를 통해서 피부, 피하지방과 근육을 구분할 수 있고 지방의 두께를 재는 방법으로 일부 병원에서 사용하고 있다. 그러나 측정자 간의 오차로 인해 신뢰성에서 차이가 있어 학문적인 진단기준으로 적용되는데 한계가 있다.
	전기저항법	· 몸에 약한 전기저항을 걸어 비장을 측정하는 방법으로 의료기관에서 가장 많이 사용하고 있다. 실제 적용하는 것은 어렵지 않으나 타당도상 약간의 오차가 있다.
	고밀도검사	· 부분적인 지방과 양을 측정할 수 있고 일반적으로 적용하기에는 큰 문제가 없다. 고밀도 측정이 함께 이루어져 골다공증 진단도 가능하다.
	C-T촬영	· 체지방 분포와 양을 오차가 거의 없이 측정해 낼 수 있다.

🥄 비만의 진단

저근육형 저체중

- 원인 : 영양결핍, 소화기 이상, 만성질환, 노인성질환, 정신질환
- 최근의 체중변화, 20~30대 체중, 가족력당뇨, 암, 과거력, 피로감, 잦은 감기, 식생활, 규칙적 운동, 정신적 안정감, 손톱 및 모발의 윤기 등을 진단한다.

비례형 저체중

- 원인 : 만성질환, 노인성질환
- 최근의 체중변화, 피로감, 잦은 감기, 식생활, 규칙적 운동상태 등을 진단한다.

근육형 저체중

- 원인 : 운동 충분, 드물게 부종
- 최근의 체중변화 등을 파악한다.

비례형 표준체중

- 원인 : 운동부족

근육형 표준체중

- 원인 : 운동충분, 근육과대, 드물게 부종

저근육형 과체중

- 원인 : 운동부족, 영양과다
- 가족력심장질환, 당뇨, 20~30대 체중, 다뇨, 갈증, 공복감, 관절상태 등을 진단한다.

비례형 과체중

- 원인 : 영양과다
- 가족력심장질환, 당뇨, 20~30대 체중, 다뇨, 갈증, 공복감, 관절상태 등을 진단한다.

근육형 과체중

- 원인 : 운동충분, 근육과대, 드물게 부종

🏋 체질량지수BMI = 체중/신장m²

체질량지수(kg/m²)	대한비만학회분류	WHO분류
18.5 미만	저체중	저체중
18.5~23	정상체중	정상
23	과체중	정상
23~25	위험체중	정상
25~30	비만 1단계	비만 전 단계
30	비만 2단계	비만 1단계
30~35		비만 1단계
35~40		비만 2단계
40 이상		비만 3단계

  📖 신장 155cm, 체중55kg ⇒ 체질량지수 55/1.55×1.55=22.9보통

  신장 170cm, 체중73kg ⇒ 73/1.70×1.70=25.3비만1단계

> 🔍 **체지방률**
>
> - 체지방률 : 성인남성(정상-10~20%, 비만-25% 이상)
> - 성인여성(정상-15~25%, 비만-30% 이상)

🏋 표준체중 계산법

- 여 : 신장m×신장m×21 =   kg
- 남 : 신장m×신장m×22 =   kg

  📖 신장 160cm : 1.60×1.60×22 = 56.3kg

비만도 계산

- 현재체중 : 표준체중/표준체중×100
- 진단 : 저체중 - 10% 이하
- 정상 : 10% 범위 내
- 과체중 : 10~20%
- 비만 : 20% 이상

배 둘레 확인

- 배꼽 위치 배 둘레 : 남성 90cm 이상, 여성 80cm 이상은 내장지방형 비만이다.

Chapter
03

비만과 질병

비만은 질병이다.

　비만은 오늘날의 문제만이 아니다. 비만으로 인해 나타나는 질병은 헤아릴 수 없이 많다. 사람이 자연의 규칙성을 어느 정도 이해하게 된 후에도 수 세기가 지나서야 생명 현상에 직접적인 영향을 미칠 수 있게 되었다. 이러한 영향들 중에서 가장 놀랄 만한 것은 문명화로 인한 평균 수명의 연장이다. 14세기 프랑스인의 평균 수명은 겨우 26살이었다. 현대의 '사회적 질병'의 중요성은 점차 높아져가고 있다. 사회적 질병의 근본 원인은 균형이 깨진 영양상태, 환경오염, 운동량 감소 등이지, 병원균에 의한 감염이 직접적인 원인은 아니다. 이러한 질병이 보편화됨에 따라 문명의 질병, 즉 비만, 동맥경화, 암의 역학적 특성에 대한 이론을 발전시킬 수 있었다.

문명의 발달로 인한 인간 수명의 연장으로 나이가 증가함에 따라서 지방조직이 증가하는 경향이 분명하게 나타난다. 인간뿐만 아니라 동물도 나이가 들어감에 따라서 지방을 축적한다는 것이 밝혀지고 있다.

정상적인 노화 과정에서 비만의 발단은 식욕 조절의 장애와 관계가 있고 에너지 공급에 대한 주간과 야간 형태의 조절 장애, 그리고 적응 기능 장애와 관련되어 있다. 최종적으로 이러한 메카니즘들은 여분의 지방 축적을 유도하게 된다. 성인은 지방 세포의 양이 일정하다. 그러므로 비만 세포의 질량이 증가함에 따라 기존의 지방 세포들은 지방으로 넘쳐나기 시작한다. 지방의 축적으로 지방 세포의 용적과 표면적이 증가되고, 또한 인슐린에 대한 지방조직의 민감도가 저하된다.

최근의 여러 가지 연구를 보면 지방으로 넘쳐있는 지방 세포의 세포막에 있는 인슐린 수용체의 양은 비만에 걸린 사람의 임파구의 세포막에서와 같이 정상 세포 보다 5~6배 이상 감소해서, 결과적으로 인슐린의 효율성이 감소한다는 연구결과로 나와 있다.

인슐린은 포도당을 지방으로 변환시키고 또한 지방의 이용을 억제한다. 주간 형태의 에너지 공급을 하는 호르몬이기 때문에 인슐린은 야간

형태의 에너지 공급이 작동하는 것을 방해한다. 따라서 남녀 불문하고 뚱뚱한 사람은 체내에 지방이 많이 저장되어 있는데도 불구하고 일시적인 배고픔에 대해서 더 민감하다.

🗓 비만 발달

🐾 성장 호르몬의 혈중 농도가 증가하는 것

여분의 지방이 축적되면 '지방 억제자'를 생산하게 되는데, 지방 축적은 인체의 성장과 발육이 정지된 즉시 시작된다. 이러한 관점에서 볼 때, 성장 호르몬의 분비를 억제하는 지방 축적은 성장 호르몬이 성장을 촉진하는 영향력을 차단하는 한 가지 요인이 된다. 성인의 경우 성장 호르몬의 분비가 저하될수록 노화가 촉진된다. 그러므로 성장 호르몬과 관련이 있는 식습관 개선이 필요하다. 인체 내에 4~5킬로그램의 잉여 지방이 축적되면 위험스런 대사 전환이 일어나서, 동맥경화를 유발할 수 있는 조건을 만든다.

🐾 노화 관련 병리 현상

노화 관련 병리 현상은 비만이 핵심적인 역할을 한다. 에너지는 지방 형태로 저장되는데, 이것이 노화 질병의 기본적인 특징을 결정한다. 노화 질병은 정상적인 생리적 과정이 격화되기 때문에 생긴다. 이는 비만과 인슐린의 혈중 농도 증가 사이의 상호 관계가 핵심적인 역할을 수행한다.

비만과 인슐린은 뗄 수 없는 불가분의 관계를 갖고 있다. 인체에는 인슐

린과 별도로 소마토메딘 somatomedins
이라 부르는 인슐린 유사 물질이 있
어서 이것이 성장 호르몬의 영향을
조정한다. 소마토메딘은 비만시에 농
도가 증가하는데, 소마토메딘 과잉
은 동맥경화와 암의 유발에 영향을
미친다.

비만은 면역계를 약화시키고, 타
입 II 당뇨병 인슐린을 투여해도 나타나는 당뇨
병을 유발할 수 있는 조건을 만든다.
비만은 포도당의 이용률이 감소되는 특수한 상황을 발생시킨다.

비만이 고혈압의 원인이 되기도 한다. 이는 인슐린이 인체가 나트륨을
'보유'하게 유도한다는 사실에 기인하는 것이다. 또, 비만은 혈소판의 응
집에 기여하는데, 이는 혈전증의 발생을 증가시키고, 또한 암이 발생했을
때 전이를 용이하게 한다. 그리고 비만은 갑상선의 기능을 감소시켜서 동
맥경화와 담석증 발생을 증가시킨다.

비만의 특징인 지방산 중심의 에너지 체제로의 전환은 임신 중 인체 발
생 초기 단계에서 작동하는 메카니즘과 비만을 연결시켜주는 공통 요인
이다. 그리고 이것은 비만을 스트레스와 같은 좋지 못한 외부환경의 영향
에 대항하는 메카니즘과도 관련시키는 공통요인이기도 하다.

모든 조절 시스템이 양호한 상태에 있는 사람도 소비하는 것보다 더 많

은 에너지를 섭취하는 과식에 의해서 비만이 생길 수 있다. 이러므로 비만은 아주 보편적인 질병이다. 이러한 원인들로 인해서 생긴 비만은 내부 원인들 때문에 생긴 비만에서 특징적으로 나타나는 것과 똑같은 장애를 일으킨다.

비만은 본질적으로 인슐린 과잉과 지방산 과잉이라는 두 가지 요인과, 이 두 가지 요소가 합친 결과로서 나타나는 것이다.

평생의 숙제 다이어트

Chapter
04

비만의 합병증

비만은 모든 질병의 근원이다. 현대인들의 주요 사망원인으로 고혈압, 당뇨, 동맥경화, 암, 심장병 등도 비만과 관련이 깊고 담석증, 골관절염, 통풍, 폐 기능 장애, 지방간 등의 원인이 되기도 한다.

청소년기에 비만증일 경우 불임의 원인이 높아지고 산모가 기형아를 낳을 확률도 2배나 높아진다는 보고가 있다. 중증비만은 우울증, 인격장애, 히스테리 등의 정신적 질환은 물론 사회적 열등의식까지 일으킨다.

부모 모두 비만인 경우 비만이 될 확률은 80%에 이르고, 부모 중 한 사람이 비만인 경우는 40%, 부모 모두 비만이 아닐 경우 자녀가 비만증일 확률은 약 7% 정도이다. 또한, 부모가 비만인 집안의 자녀에게서 비만이 생기면 그렇지 않은 집안에서 생긴 비만한 자녀보다 치료하기가 더 힘들기 때문에 비만 체질 가정에서는 어릴 때부터 각별히 신경을 써야 한다.

비만으로 나타날 수 있는 질환

비만으로 인해 순환기 질환으로 동맥경화, 고혈압, 관상동맥 질환, 뇌혈관장애, 고중성지방혈증, 죽상동맥경화, 폐성심, 우심부전, 정맥류, 혈전색전증, 심인성 부종 등이 발생 될 수 있다.

- 내분비계 대사질환 : 당뇨병, 고지혈증, 고요산혈증 등이 나타날 수 있고, 호흡기계 질환으로 폐포저환기증, 수면 중 무호흡증, pickwick 증후군
- 소화기계의 문제 : 지방간, 담석증
- 근골격계의 변형성 : 무릎 관절염, 요통, 퇴행성 관절염, 통풍
- 비뇨생식기계 : 과소월경, 임신중독증, 자궁내막암, 불임, 무월경 등이 나타날 수 있다. 그리고 자궁암, 유방암, 대장암 등의 악성종양이 발생 될 수 있다.

나이가 들어감에 따라 대부분의 사람들이 호소하는 발목과 무릎통증, 요통 등도 과다한 체중에서 비롯되므

로, 적정한 체중유지를 위한 다이어트가 필요한 시점이다. 우리나라 중장년층의 비만도는 크게 심각한편은 아니지만 성인병 위험률과 상관관계가 높은 복부비만도는 서양인에 가깝고, 예전에 비해 비만증인 사람이 많이 늘어나고 있는 시점이다.

복부형 비만은 허리둘레 대 엉덩이둘레의 비율이 남성은 1:1 이상, 여성은 0.85:1 이상일 경우로 보통의 서양인을 기준으로 허리둘레가 남성은 94cm37inch, 여성은 80cm32inch 이상이면 복부비만으로 판정한다.

🕐 비만으로 인한 성인병과 그 상대적 위험도

질병명	상대적 위험도	
비만도(신체질량지수BMI) 정상 : 20~25, 과체중 : 25~29, 비만 : 30이상	25일 경우	35일 경우
고혈압	1.1	3.5
심장질환	2.0	6.0
뇌졸중	1.1	2.2
당뇨병(TYPE 1)	6.0	53.0
퇴행성관절염	1.0	4.0
암	1.1	1.6
사망률	1.1	2.0

비만자의 암 발병확률은 26% 이상 높다. 비만인 사람이 정상인 보다 암 발병률이 2.8배 높다. 비만도가 높아질수록 대장암, 직장암, 간암, 갑상선암, 임파선암, 피부암 등의 발생위험이 높아진다는 결과가 나왔다.

비만한 사람이 대장암에 걸릴 위험이 1.9배, 간암 1.6배, 담도암 2.2배, 전립선암 1.9배, 신장암 1.6배, 갑상선암 2.2배, 임파선암 1.5배, 피부암 2.8배 높게 나타났다. 암 전체를 대상으로 비만이 암을 일으키는 위험도를

산출해 볼 때 체질량지수 30이상 고도비만인 사람이 정상체중보다 암에
걸릴 가능성이 26% 높다.

비만의 합병증

당뇨병

비만한 사람은 정상 체중인에 비해 당뇨병 발생률이 8배가량 높다. 비
만은 인슐린 비의존형 당뇨병의 가장 강력한 위험인자인데 비만에 동반
된 대사이상은 단순한 비만의 정도뿐만 아니라 체지방의 분포와도 밀접
한 관련이 있다.

비만에서 오는 당뇨병은 인슐린을 받
아들이지 못하는 비정상적인 세포
가 말초에 많이 증가하기 때문이
며, 인슐린이 충분히 있어도 쓰여
야 할 곳이 많아 인슐린 필요량이
증가되어 혈당이 높아진다. 체내의
포도당 수치가 높으면 포도당을 에너

지로 변화시키는데 필요한 인슐린 또한 높아지게 된다. 이렇게 인슐린 필
요량이 증가하면 췌장의 세포도 인슐린의 분비량을 늘리도록 대응하게
된다.

지속적으로 살이 찌게 되면 인슐린이 분비되는 췌장 세포가 커져 몸에
서 필요로 하는 인슐린 필요량은 증가하게 되어 당뇨병이 발병하게 된다.
상체 비만은 하체 비만에 비해 비만에 동반되는 대사이상의 빈도가 높은

편인데 이는 상체 비만 조직은 인슐린에 대한 저항성이 다른 지방조직에 비해 높기 때문이다.

고혈압

비만하면 전체의 혈량이 증가하고, 심장이 많은 혈액을 보내기 위해 무리하게 되고, 말초 혈관의 저항성이 증가되어 인슐린 혈증이 염분의 정체를 야기하므로 교감신경을 자극, 혈관을 싸고 있는 세포의 증식을 가져와 혈압이 상승하게 된다. 비만인 고혈압환자의 체중을 5kg 정도 감소시키면 수축기 혈압은 10mmHg, 확장기 혈압은 5mmHg정도를 떨어뜨릴 수 있다.

우리나라 사람의 대부분의 고혈압 환자는 본태성 고혈압인데, 이 본태성 고혈압 환자의 80%이상에서 중풍 발생의 위험도가 있다.

고지혈증

고지혈증은 혈액 속에 콜레스테롤이나 중성지방이 많은 경우이다. 보통 총 콜레스테롤 수치가 120~220mg/dl이거나 중성지방치가 80~150mg/dl 정도가 정상인데 이를 초과하면 고지혈증이라고 한다. 혈액 속의 콜레스테롤은 리포단백질이라는 물질에 의해 운반되는데, 중간 크기의 리포단백질에 의해 운반되는 LDL콜레스테롤이 많으면 동맥경화가 촉진되지만, 소형 리포단백질에 붙어 있는 HDL콜레스테롤은 동맥경화를 예방하는 작용이 있어 오히려 몸에 이롭다. 비만인 사람의 콜레스테롤을 측정하면 몸에 이로운 HDL콜레스테롤은 낮은 반면 해로운 LDL

콜레스테롤은 높은 수치를 나타낸다. 또한, 대형 리포단백질에 의해 운반되는 중성지방도 높게 나타난다. 그만큼 비만인은 지질대사에 이상이 생겨 고지혈증이 되기 쉬운 것이다.

🦶 동맥경화증

비만에 의해 지질이 증가한 고인슐린혈증은 직접적으로 혈관의 손상을 가져온다. 혈관벽에 지방이 수도관의 녹처럼 침착되고, 고인슐린혈증은 혈관벽을 구성하는 세포의 비후를 초래한다. 결과적으로 혈관의 내벽이 좁아져 혈압이 오르고 관상동맥경화증이 되면 협심증이나 심근경색증이 발생하게 된다.

🦶 허혈성심질환

심장을 둘러싼 관상동맥에 동맥경화가 생기면 혈액의 흐름이 원활하지 못해 심근에 혈액량이 부족하게 된다. 그럴시 심장부분에 통증이 일어나게 되며 이를 협심증이라 한다. 심근경색증은 협심증이 더욱 진전된 상태인데, 동맥경화가 심해져 관상동맥의 일부

분이 좁아지면 그곳에 혈액덩어리가 생겨 혈액의 흐름이 원활하지 못하게 된다. 이로 인해 혈액이 흐르지 못하는 부분의 심근이 죽어버리는 것이 심근경색이다.

비만이 협심증이나 심근경색증을 일으키는 직접적인 원인이 되지는 않지만 정상체중인 사람과 비교하면 비만한 사람이 고혈압이나 당뇨병, 고지혈증이 되기 쉽고, 그 결과 동맥경화가 관상동맥에 이르면 혈액의 흐름

이 감소하여 협심증의 증상이 나타난다.

지방간

비만한 사람들은 고인슐린혈증으로 간 내의 지방합성이 높아져 처리되지 못한 지방이 간에 축적되어 지방간이 생기기 쉽다. 지방간은 자각증상이 없으며 약간의 피로감을 느끼거나 식후 포만감과 오른쪽 윗배에 압박감을 느끼게 된다. 지방간의 가장 큰 원인은 술이지만 최근에는 당뇨와 비만에 의한 지방간도 증가하는 추세이다. 지방간은 인슐린의 기능이 중요하게 작용하므로 인슐린을 자극하는 탄수화물의 섭취를 줄여야 한다고 하지만, 우리 몸에 세포를 정상으로 만들어주는 필수탄수화물의 섭취로 지방간이나 다른 요인들을 제거할 수 있으므로 필수탄수화물의 섭취가 반드시 필요하다.

담석증

담석증은 담낭 또는 담도 내에 발생하는 것인데 비만한 사람들의 간장에서는 지방합성이 왕성하지만 담즙산에 녹아드는 콜레스테롤에는 한계가 있어 담낭 속에 침착해 담석이 생기게 된다. 이러한 콜레스테롤 담석은 담즙산 제재로 녹여서 치료할 수 있다. 담석증을 예방하기 위해서는 식습관을 개선하여 신진대사가 원활히 잘 될 수 있도록 하여야 한다.

관절염

비만이 심할수록 무릎과 허리는 체중에 의해 많은 압박을 받는다. 퇴행성관절염은 비만인 사람에게 압도적으로 많이 발생한다. 또한, 비만인은 정상인보다 평균적으로 혈액 내의 요산치가 높아서 통풍이 발생하는 경우도 있다.

🦴 폐 기능 장애

비만인 사람은 지방이 흉벽이나 횡격막에 과도하게 축적되어 폐활량이 감소되고 저산소증에 빠질 수 있다. 따라서 호흡운동 능력이 제한되어 조금만 움직여도 숨이 차게 된다. 또한, 가끔 수면 무호흡증후군이 나타날 수 있으므로 주의해야 한다. 폐 기능을 원활하게 하기 위해서는 매운맛이 나는 음식을 섭취하는 것이 좋다.

🦴 생식기 이상

비만인 사람의 경우 월경불순, 불임증 등이 나타날 수 있고 남자의 경우 음위와 정자 감소증이 나타날 수 있다.

🦴 심리적 질환

비만인은 신체상 불안이나 사회적인 편견, 불평 등을 느낄 수 있으며, 불안이나 우울증, 적응장애, 인격장애, 히스테리 등을 나타내기도 한다. 또한, 사회적으로 열등감을 느끼며 결혼생활이나 성생활에도 문제가 있다. 비만인은 신체 외모에 대한 낙인이 찍힐 뿐만 아니라 체중감량에 대한 개인 조절 능력의 결함에 대해서도 비난을 받기도 한다.

🦴 지질대사이상

혈중콜레스테롤 수준의 증가는 지방조직에 축적된 콜레스테롤의 대사량이 증가하기 때문이며 이와 함께 혈중 유리 지방산 수준의 증가에 의해

간에서의 중성지방 합성이 증가할 수 있다.

암

비만한 남자에게서는 대장암, 직장암 및 전립선암의 발병률이 정상인에 비해 높으며, 비만한 여자에게는 담낭암, 자궁 내막암, 자궁경부암 및 유방암 등의 발병률이 높게 나타나는 편이다. 우리가 깊이 인식해야 할 점은 비만은 생명과 직접 연관되어 있는 질병으로 당뇨병, 암, 심장질환, 고혈압, 고지혈증 등 성인병의 발병과 관련되어 있다. 또한, 혈장의 지질 농도가 증가하고 저단백 이상을 초래할 수 있으며 심장의 부담을 증가시켜 호흡기장애 및 관절질환, 고혈압, 무기력증, 작업능력의 저하 등이 나타난다.

피부질환

비만한 사람들은 접촉성 피부염을 앓는 경우가 많고 발바닥, 겨드랑이, 사타구니 등 많은 지방층으로 인해 습진이나 무좀과 같은 피부병이 생기기도 하고, 복부, 종아리, 허벅지 등 급격하게 살이 찐 피부는 살이 트는 현상이 나타나며, 이러한 튼 살은 수술이나 약물 등 각종 치료에도 불구하고 효과가 거의 없다.

관절이상

체중의 과도로 인해 허리, 무릎, 발목, 발바닥 등에 통증이나 부담을 느끼게 된다. 심할 경우에는 관절이나 관절 주위에 인대에 충격을 주어 관절염의 원인이 되기도 하며, 특히 비만한 청소년은 무거운 체중을 떠받치기 위해 발목과 무릎이 정상치 이상으로 두터워지게 되므로 향후 비만치료를 철저히 하여 체중감소가 있다 해도, 굵은 뼈대와 골격, 관절은 그대로 유지되어 체형은 여전히 보기 싫은 상태로 남아있게 된다. 따라서 이로 인해 열등감, 자신감 결여 등 각종 정신과적 부작용에 시달리는 경우가 있다.

월경이상

비만인 여성의 경우 월경에 이상이 있는 경우가 많다. 이러한 월경 이상이 일어나는 원인에 대해서는 성 호르몬 대사의 이상과 식욕중추 이상을 원인으로 보고 있다. 비만으로 인한 월경장애는 정상체중으로 돌아가면 비교적 쉽게 정상으로 되돌아 오는 특징이 있다. 이는 식이요법이나 운동요법을 통해 체중을 줄이는 것이 좋다.

불임증

비만인 여성은 대사성 호르몬과 여성 호르몬이 영향을 받아 임신에 장애가 되기 싶다. 또한, 자궁의 기능이 약해 난소 기능에 장애를 일으켜 임신을 하는데 어려움이 있다. 만약, 임신이 되어도 임신중독, 난산, 요통 등의 부작용이 나타날 수 있는 확률이 높다.

신장질환

동맥경화나 고혈압으로 인한 신부전이 올 수 있으며, 신부전증으로 인해 심부전증이 발생하는 경우가 많다. 신장 주변에 비정상적인 지방이 축적되면서 정상적 신장 기능이 저하되는 지방 신장이 되기도 한다.

Chapter

05

비만치유의 원리와 종류

다이어트 이해와 원리

다이어트란 식이요법이란 뜻이다. 일상의 음식물을 사람들이 먹거나 마시거나 하는 것을 의미한다. 또한, 신체를 치료하기 위한 정해진 식사를 의미한다. 예를 들어, 당뇨병인 사람이나 간질환이 있는 사람, 비만증인 사람들을 치료하는 음식물을 말한다. 그러나 많은 사람들의 인식은 다이어트라고

하면 체중감량으로 알고 있다.

다이어트의 사전적 의미는 비만치료와 체중조절을 위한 규정식으로 과다체중으로 인한 질병에 대한 치료방법으로서 다이어트를 정의해 놓은 것이다. 따라서 다이어트는 미용이나 건강을 위해 살이 찌지 않도록 먹는 것을 제한하는 일을 말하며 체중을 줄이는 일은 열량섭취를 줄이거나 열량소비를 늘리면 된다.

다이어트를 분류하자면 크게 3가지로 분류할 수 있다. 살찐 사람은 감량 다이어트, 마른사람은 건강을 유지하기 위해 증량 다이어트, 정상체중인 사람은 유지 다이어트를 할 수 있도록 균형 잡힌 영양과 식단으로 건강한 다이어트를 할 수 있도록 해야 한다.

🖼 다이어트의 문제점

많은 사람들이 다이어트를 해도 살이 빠지지 않는다고 하는 이유는 무엇일까? 과식으로 인해 살이 찐 사람은 식이조절을 하면서 축적된 지방을 연소시키는 영양소를 복용하고, 다른 사람보다 빨리 지방이 축적되는 원인을 분석하여 필요한 영양소를 공급하면 자연히 빠지게 된다. 그런데도 살이 빠지지 않는 이유는 지방을 분해하는 영양소가 불충분하게 공급되었기 때문이다.

흔히 살이 쪘다는 것은 세포가 과다하게 수분을 함유하고 있는 경우가 많다. 세포가 이렇게 되는 여러 요인 중 가장 중요한 것은 영양상태의 불균형이다.

영양소의 불균형 중에서도 단백질이 부족하면 부종이 생기고, 세포가 수분을 많이 함유하게 되어 살이 찐 것처럼 보일수도 있다. 특히, 이뇨제 중심의 다이어트는 단백질 배설이 촉진되어 부종을 더욱 심하게 하고, 아무리 해도 살이 빠지지 않게 되는 것이다. 이뇨제는 변비약을 먹으면 세포가 더욱 손상되어 신체의 정상적인 시스템이 혼란에 빠질 수 있으며, 이러한 시스템의 혼란은 당뇨와 같은 여러 질병을 유발하기도 한다. 그러므로 살을 빼기 위해서는 먼저 그 사람이 살이 찌게 된 환경적, 신체적 원인을 분석하여 그 원인에 따라 다이어트의 방법을 선택하여야 한다.

비만의 원인을 철저히 분석하여 그 원인에 따라 다이어트 방법을 선택해야 한다. 비만의 원인이 과식과 영양부족에 의한 지방축적인지, 영양소의 불균형인지, 그 외 기타 요인으로 나타나는 것인지 다이어트 코치와 충분히 상담을 하여 진단하는 것이 좋다.

🗂 다이어트 종류

다이어트를 하는 방법에는 수 많은 종류의 다이어트가 있는데 몇가지에 대해서만 언급하기로 한다.

🪶 탄수화물 다이어트

탄수화물 섭취를 제한하거나 완전히 배제한 다이어트는 체중감량이 급속히 이루어지지만 탄수화물 제한으로 인한 수분의 급속한 손실로 탈수현상을 초래한다.

평생의 숙제 다이어트

🥢 고단백질 다이어트

　탈수현상과 신장에 부담을 주어 고 요산 혈증요산을 우리 몸의 세포의 신진대사에 의해 만들어지는 물질 소변으로 섞여 배설 되는데 이 요산이 제대로 배설되지 않아 혈액 속에 쌓여서 결정이 관절에 쌓여 심한 통증이 나타난다으로 통풍을 일으킨다. 심하면 요로결석, 신장장애, 혈관장애, 동맥경화의 가능성이 높다.

🥢 고지방 다이어트

　심리적인 효과로 포만감이 있어 초기에는 수분 손실로 급속한 체중감량의 효과가 있지만, 동맥경화, 관상동맥질환, 심장질환의 잠재적 위험성이 증가되고, 지방을 전환, 연소시켜주는 경로가 없어서 과잉 지방으로 지방조직에 축적된다.

🥢 단식

　생명유지에 필요한 물과 전해질을 제외한 열량이 있는 음식을 섭취하지 않고 체중을 빼는 방법이다. 제대로 된 단식보조 음료를 통하지 않고, 그저 굶는 형태의 단식 방법은 체지방과 체중의 감소, 근육량의 감소로 인해 반드시 요요현상이 발생하므로 단식보조 음료를 섭취하여 체내의 독소를 제거한 후에 균형있는 영양공급으로 다이어트를 시행하는 방법이 요요현상이 없는 다이어트 방법이다.

🥢 원푸드 다이어트

　한 가지 식품만 섭취하기 때문에 영양의 불균형을 초래한다. 체지방 감소가 아닌 체내 수분, 근육, 뼈의 성분이 빠져 체력이 감소되어 기초대사량이 낮아지며 요요현상으로 다시 비만해질 수 있다.

황제 다이어트

육류와 기름진 음식을 섭취하면서 탄수화물 섭취를 극도로 제한하는 방법이다. 저당질 식사를 함으로 체중은 줄어들지만 주로 수분 손실로 탈수현상, 피로감, 저혈압, 혈액내 요산 축적, 구취, 동맥경화의 위험이 있다. 포화지방산과 콜레스테롤을 많이 섭취하기 때문에 면역력의 저하로 건강상태의 악화를 초래할 수 있다.

초저열량 식이요법

체질량지수가 30이상인 고도비만 환자들에게 단기간 사용하는 방법으로 시중에 판매되는 다이어트 식품만 섭취하고, 다른 음식은 섭취하지 않는 방법이다. 단기간 체중을 감소시키는 효과가 있으나 심각한 건강상 문제를 발생 할 수 있으므로 전문가의 지시 하에 실시되어야 하고 4개월 이상 지속해서는 안 된다.

급격한 식사제한으로 담석을 유발할 수 있고 혈중 요산 농도가 상승 할 수 있다. 다이어트 기간 중 체지방과 함께 근육량과 기초대사량의 저하로 요요현상이 나타난다.

약물다이어트

각성제, 향정신성 식욕억제제, 보조식품 등으로 전문가의 처방 없이 섭취하는 경우가 많다. 이는 과대광고로 효과가 입증되지 않은 경우가 있고, 장기 복용시 환각 상태에 빠질 위험이 높다. 장기 복용시 지용성 비타민 결핍, 피부건조증이 발생되고, 이뇨제 계통 약물 섭취 시 소변으로 수분과 칼슘의 배출로 탈수현상이 나타나며 심장마비의 위험성이 높다.

🏋 무리한 운동

체내에 피로 물질이 축적되어 활성산소를 늘려 오히려 노화를 촉진 시킬 수 있다. 운동으로 체지방을 분해하여 배출시키는 것은 쉽지 않다.

비만치유와 운동

적절한 운동으로 규칙적인 전신운동을 하면 신체 기능이 전반적으로 향상된다. 심폐 기능향상, 근골격계 기능향상, 내분비대사 기능향상, 정신적 심리적 안정감을 높이는 등의 좋은 효과가 있다.

🍱 운동과 건강

문명의 발달로 생활은 극도로 편리해지고, 윤택해지고 있으나 문명의 발달과 정보의 다양화 현상이 생활에 이익을 가져다주지는 않는다. 오히려 수많은 건강상의 문제를 야기하고 있다.

좌식생활, 균형이 깨진 영양, 흡연, 음주, 스트레스 등의 행동이 건강의 문제와 질병을 야기한다. 질병의 원인이 주로 생활습관, 식습관과 관련이 있음에도 불구하고 사람들은 이를 인식하지 못하고 있는 경우가 많다.

올바른 생활습관과 적당한 운동, 식습관이 건강의 기본이 된다.

🏃 체력과 운동

체력이란 인간생활의 기초가 되는 정신력을 포함한 신체적 능력과 인간이 하나의 생물체로서 살아가거나 사회적 활동을 할 때 적극적으로 활동하기 위한 행동력 그리고 건강을 위협하는 각종 스트레스에 대항하는 저항력을 말한다.

체력은 발달시기가 다르다. 적당한 운동이 요구되는데 근력이나 지구력은 10세 이후부터, 신경계 발달은 10세까지, 22세를 전후로 체력을 유지하기 위한 운동을 해야 한다. 또한, 충분하고 균형있는 영양분을 섭취하고 적당한 운동을 하는 것이 필요하다.

🏃 현대인의 운동부족

운동부족 상태에 이르면 골격근의 긴장이 저하되어 피로성 물질의 혈중 농도가 낮은 수준을 유지하며, 호흡중추의 흥분성이 저하되어 심장이나 혈관의 기능에 영향을 주고 신장이나 방광에 결석이 생기기 쉽다.

장기간 운동을 하지 않으면 혈액 중의 섬유소가 혈관 벽에 침착되어 혈관을 딱딱하게 만들고 심한 경우에는 체내의 혈액이 응고되어 혈전증을 일으키기도 한다.

운동부족으로 골격근의 긴장이 저하되면 골격근으로부터 대뇌에 전달되는 신경충격이 작아지고, 골격근을 잘 사용하지 않기 때문에 대뇌의 활동수준이 낮아져 각성정보가 적어지기 때문에 항상 졸리고 의욕이 없어진다.

현대 생활에 있어서 건강상의 위험요소는 운동부족, 영양의 과잉과 불균형, 정신적 스트레스, 환경오염 등이다.

🎛 운동의 효과와 영향

운동 중에 생기는 인체 내의 여러 가지 변화들은 운동이 끝나면 곧 사라져 버리거나 원상회복 되지만 규칙적인 운동을 장기적으로 실행하면 쉽게 소멸되지 않는 인체의 구조, 기능적 변화가 일어난다. 이렇듯 운동의 효과를 보기 위해서는 장기적으로 꾸준한 운동이 필요하다.

🐾 운동의 효과

적절한 운동으로 뼈와 근육이 잘 자라게 되고, 운동신경이 좋아지며, 심장과 폐의 기능이 좋아지고 성장에 도움이 된다.

뇌도 근육으로 보는데 대뇌는 기억하고 생각을 하며 판단하는 일들을 하고 소뇌는 주로 운동을 할 수 있는 명령을 신경을 통해 몸에 전한다. 그러므로 운동신경이 좋다는 것은 뇌 신경의 기능이 좋다는 것이고 적절한 운동을 하면 운동신경이 발달하면서 머리도 좋아지게 된다. 또한, 심장과 폐 기능이 향상된다.

여성의 건강과 운동

폐경 이후의 여성에게 흔히 나타나는 여러 질환을 예방 치료하기 위해 여성 호르몬, 칼슘 등의 약물이 중요한 것처럼 적절한 운동도 중요한 예방 및 치료법이다. 적절한 대책 없이 폐경기를 보내게 될 때 골다공증과 관상동맥질환, 심장질환의 발생 빈도가 크게 증가된다. 별다른 증상이 없더라도 45세 이상인 여성, 고혈압이 있는 여성, 당뇨병이나 심혈관 질환 환자인 여성, 흡연을 하거나, 고 콜레스테롤증이 있는 여성들은 전문가의 상담이나 검사 후 운동을 시작하는 것이 좋다.

운동과 정신건강

칠정이라고 하는 기쁨, 화냄, 근심, 슬픔, 생각, 공포, 두려움이 인간이 가진 기본적인 정서라고 할 수 있다. 아직까지는 정서에 대한 명확한 정의를 내리고 있지는 못하지만 정서가 인간의 행동과 의식적인 경험, 개인적 성장 발달, 사회생활에 중요한 역할을 담당하고 있는 것은 부인할 수 없는 사실이다. 특히, 정서적 불안은 개인의 정신건강과 일상생활에서의 적응, 그리고 행복 추구에 나쁜 영향을 끼치게 된다. 정서적 안정을 향상시키는 운동으로는 비교적 짧은 시간에 높은 강도의 근육활동을 요하는 운동보다 오랜 시간 동안 지속적이고 규칙적인 운동을 하는 것이 효과적이다.

올바른 운동방법

올바른 운동방법이란 운동을 통하여 부족한 체력을 향상시키고 건강

을 증진시키며 안정하게 운동을 수행할 수 있도록 자신의 건강 및 체력 상태에 맞게 운동량을 설정하여 운동을 지속적으로 유지해 주는 방법을 말한다. 이를 위해서 우선 자신의 건강 상태를 점검하고, 운동 목표를 설정하여 전문가와 상담한 후 적합한 운동량을 정하는 것이 필요하다.

운동의 효과를 보기 위해서는 쉽게 시작할 수 있으면서도 지속적으로 할 수 있는 운동종목을 택하는 것이 좋다.

피로한 상태에서 운동을 계속하다 보면 근육파열, 겹질림, 관절탈구 등의 뜻하지 않은 상해나 심장마비와 같은 불행한 일을 당할 수도 있게 된다. 따라서 운동 후에는 반드시 충분한 휴식이 필요하며, 휴식시간은 운동량뿐만 아니라 운동 후의 몸 상태에 따라 달라져야 한다. 운동이 효과적으로 잘 됐다고 스스로 판단하는 방법은 운동 후 1시간쯤 지난 후에도 피로하지 않으면서 사회활동에 영향을 주지 않는 상태가 유지되어야 한다.

건강증진을 위한 올바른 운동방법은 성인병의 원인이 되는 체내에 축적된 지방과 혈액 속에 과잉된 콜레스테롤과 중성지방을 없애 줄 수 있는 유산소성 지구력 운동들이 적합하며, 지방의 신체 내 에너지 대사에 효과적이며 근력발달에 도움을 줄 수 있는 중증도의 운동 강도로 1회 운동 시 40~50분 정도를 유지하면서 일주일에 3~4일 격일제로 운동하는 것이 좋다.

만병의 원인이 되는 비만의 경우에는 운동 강도를 좀 더 낮추고 대신 운동시간과 운동 빈도를 더 높여야만 체내의 축적된 지방을 더욱 효과적으로 없앨 수 있다. 지방 축적은 나이가 들어감에 따라 신체활동의 부족과 과다한 영양섭취에 의해 나타남으로 운동 이외의 올바른 식습관에 대해서도 주의를 기울여야 한다.

비만의 운동요법

　규칙적인 운동을 통해 체중을 조절과 근력, 심폐 기능, 지구력 등을 향상 시킬 수 있다.

규칙적인 운동의 효과

- 심장과 폐의 기능을 향상 시킨다.
- 순환계의 기능을 향상 시킨다.
- 신진대사를 원활하게 함으로 질병과 비만예방에 도움이 된다.
- 체중이 유지되고 체형을 유지하도록 도와준다.
- 스트레스 해소에 도움이 된다.

운동의 종류

- 유산소 운동 + 웨이트 트레이닝
- 유산소 운동이란 운동 중 산소를 이용하여 에너지를 생산함으로써 지방을 태우고 심폐 기능과 지구력을 향상시키는 운동을 말한다. 빨리 걷기, 조깅, 자전거타기, 수영, 등산, 계단 오르기, 에어로빅 등의 운동이다.
- 웨이트 트레이닝은 근력과 근지구력 향상을 위한 운동이다.

준비운동과 정리운동

- 준비운동은 운동능력 향상 및 운동의 능률을 증가시킨다.
- 근육 및 인대의 상해를 예방해준다.
- 운동에 대한 정신적 준비 및 신경 기능을 향상시킨다.

- 근육의 온도를 상승시켜 에너지 공급을 원활하게 해주며, 유연성을 증가시킨다.
- 정리운동을 함으로써 운동 중 현기증이나 졸도, 실신, 구토방지를 예방해준다.
- 혈중 젖산 제거를 촉진시켜 근육에 피로감을 느끼지 않게 해준다.

비만치유와 운동

운동처방

- **종류** : 유산소 운동과 근력강화 운동을 병행한다.
  - 걷기, 수영, 자전거타기, 줄넘기, 배드민턴, 조깅 등
- **빈도** : 1주에 3~5회 이상
- **운동시간**
  - 준비운동 : 5~10분/지방 1kg - 7,700kcal
  - 본 운동 : 20~60분/1개월에 1kg - 주당 2,000kcal
  - 정리운동 : 5~10분
- **운동방법**
  - 하루에 최소 40분 이상 운동을 한다.
  - 운동시작 후 20분부터 체지방이 분해되기 시작한다. 강도는 점진적으로 증가시킨다. 약간 힘들다 할 정도 까지가 적당하다.

> ### 📍 목표 심박동수 구하기
>
> · 220-나이 = 최대심박수
>
> · 목표 심박수 = (최대심박수 − 안정 시 심박수) × 0.6~0.8(운동 강도) +안정 시 심박수
>
> 📵 나이 50세, 안정 시 심박수 : 60회
>   (170-60)×0.6~0.8+60=126~148회

🏃 운동 프로그램 단계

· **초기단계** : 신체가 운동에 대해 적응하는 기간 4~6주

· **발달단계** : 중간과정으로 체중감소 효과를 내기 위한 적극적 운동 단계 16~20주

· **유지단계** : 마지막 과정으로 조절된 체중을 지속적으로 유지하거나 다시 체중이 증가하는 것을 막기 위해 실시하는 운동단계

🏃 운동의 준칙

· 자만하지 않는다.

· 천천히 끈기 있게 시행한다.

· 운동량과 강도 시간과 거리를 기록한다.

· 가벼운 식사 1~2시간 후 운동한다.

· 몸 상태가 좋지 않은 경우에는 운동을 삼간다.

· 다른 사람과 경쟁하지 않는다.

· 갑자기 급격한 동작을 하지 않는다.

· 규칙적으로 실시한다.

사고방지를 위한 준칙

- 준비운동을 충분히 한다.
- 경쟁성 운동을 피한다.
- 갑자기 운동을 멈추지 않는다.
- 자신에게 알맞은 운동을 한다.
- 정리운동을 충분히 한다.
- 피곤하고, 기분이 좋지 않을 때는 과도한 운동을 삼간다.
- 현기증, 경련, 메스꺼움, 호흡곤란, 통증 등을 느낄 때는 위험신호이므로 운동을 중단한다.

평생의 숙제 다이어트

비만치유의 대체요법

🏥 향기요법 Aroma-therapy

방향성식물이 가지고 있는 에센셜 오일을 이용하여 질병과 증상을 치료하여 정신적, 신체적 질병 상태를 개선시켜 주는 요법으로 한의학에서는 기미론氣味論에 입각한 본초약물 중 향기를 이용하여 치료하는 요법이다.

예를 들면, '향香'자가 들어있는 약물들이 이에 활용되는 대부분인데 정향, 회향, 몰약, 유향, 곽향, 백리향, 사향초 등이 활용 될 수 있다.

향기요법은 비만 관리 및 피부미용을 위해 마사지 요법, 호흡기 질환과 근골격계 질환에 흡입법, 마사지 요법, 목욕법과 함께 Ent-unit 및 네브라이저Nebulizer를 이용한 치료법이 활용되며 신경정신과 질환 및 정신적

긴장이 육체적 증상으로 나타나는 심신증 등에 많은 치료효과를 보고
있다.

천식, 알레르기 비염, 감기, 인후염, 편도선염, 중이염, 순환 장애성 빈혈,
고혈압, 저혈압, 부종, 생리통, 생리불순, 산후조리, 냉증, 비만, 우울증, 불
면증, 전신피로감, 두통, 복통, 변비, 설사, 아토피피부염, 여드름, 기미, 소
아과 질환, 울화병, 비듬, 지루성피부염, 불안, 근심, 불면, 구강궤양, 입과
잇몸 감염스트레스 등에 효과가 있다.

아로마요법은 약물을 가루로 만들어 가루
주머니에 넣고 옷 속에 지니고 다니거나
침상 밑에 놓아두는 방법, 약물이나
꽃 혹은 가지를 병에 넣어 코에 흡입하
는 방법, 고약으로 만들어서 인후 밑에
붙이는 방법, 약물을 증유한 액을 환부나
전신에 바르는 방법, 비누처럼 만들어 물을 가
하여 얼굴이나 몸을 씻거나 목욕을 하는 방법 등이 있다.

🔲 아유르베다

아유르베다는 고대 인도인이 확립한 종합적인 의학체계로 '수명의 과
학' 혹은 '생명의 과학'을 뜻한다.

아유르베다는 자연적 철학관을 기초로 하고 있으며, 인간 내부에는 자
신의 질병을 이겨내는 힘이 있다고 주장한다.

아유르베다 의학에서는 전염병이나 유전병을 제외하고는 병은 인체에

축적된 체내 독소가 발달되어 생기는 경우가 대부분이라고 생각하고, 자연 속에 숨어있는 지혜를 이용하여 병의 원인이 되는 체내 독소를 배출시키는 것이 아유르베다 치료의학의 원리이다. 특히, 균형감각과 자연 치유력, 섭생법 등을 중시하는 것과 체질에 따른 건강관리와 치료방법 등은 한의학과 매우 유사하다.

- 아유르베다 치료에서는 체질이 중요하다. 아유르베다 의학에서는 인간을 하나의 작은 우주로 보고, 에테르_{허공}, 흙, 물, 불, 공기의 5가지 요소로 구성되어 있다고 해석한다.

이 구성요소에 따라 아유르베다 에서는 바타_{vata}, 피타_{pita}, 카파_{kapha}의 세 가지 타입으로 체질을 구분하며 이 체질에 맞는 치료법이 적용된다. 아유르베다 체질의학에 따라 체질을 구분하고 체질에 맞는 아유르베다 오일을 사용하여 비만치료에 활용하기도 한다.

📱 테이핑요법

테이핑요법은 통증 부위에 붙이는 파스와는 달리 테이프를 이용하여 인공적인 근막을 만들어 근육 및 관절을 보호하는 치료법으로, 피부에 대한 자극을 통해 인체 내에 흐르는 전기적 반응을 조절하여 혈액순환을 촉진시키고 통증을 완화시키는 비 약물요법이다.

테이핑요법은 수술과 약물을 쓰지 않고 치료 중에 통증과 부작용 없이 치료효과가 지속되는 것이 특징이다. 근육의 과도한 수축과 긴장을 완화시켜주고 근육이 지나치게 약해져 있거나 이완된 곳은 강화시키며, 또 근육의 작용방향을 조절하여 통증을 없애고 완화함으로써 인체의 전반적인 균형을 바로잡아준다.

특히, 약물치료가 어려운 임산부, 소아, 노약자 등에게도 효과적으로 사용할 수 있다.

각종 척추관절 질환 및 통증질환

• 허리나 목의 만성디스크, 퇴행성관절염, 오십견, 강직성 척추염, 테니스 엘보우, 염좌, 타박상 등

내과적 질환 천식

• 변비, 소화기장애, 두통, 불면 등

근육의 강화 및 예방

추나요법

추나요법은 글자 그대로- 밀 추推, 당길 나拏- 인체의 밀고 당겨서 비뚤어진 뼈를 바르게 맞춰 주는 치료법으로 비뚤어진 뼈와 관절, 근육 등을 바로 교정하여 통증을 없애줌과 동시에 모든 기능을 정상적으로 회복시켜 원활한 기능을 수행할 수 있도록 하는 수기 치료법이다.

추나요법에는 대표적 교정요법인 추법과 나법, 그리고 약물요법 등이 포함된다.

오랫동안 자세가 나쁘면 척추와 골반이 비뚤어지게 되는데, 이렇게 인체의 근육이나 뼈, 관절들이 정상위치에서 벗어나 비뚤어지게 되면 뼈를 둘러싸고 있는 혈관이나 인대, 근육, 신경 등이 붓게 되어 순환이 되지 않아 통증을 일으키게 되고 디스크가 한쪽으로 밀려 나와 디스크질환을 유발하거나 각종 척추질환의 원인이 될 수 있다. 엄지손가락이나 손바닥을 환부患部나 경혈 부위에 대고 힘을 주면서 일정한 방향으로 밀어 주는 것을 반복하는데, 이 방법은 경락을 잘 통하게 하고 기혈의 순환을 잘되게 하여 비만관리나 어혈을 푸는데 효과가 있다.

척추가 비뚤어져 신경이 나오는 구멍이 함께 어긋하게 되면 척추사이를 지나는 신경들이 눌리면서 자극을 받아 항상 긴장하게 된다. 긴장한 신경근은 그 신경이 주관하는 장기에 부담을 주어 생리적 불균형을 초래하게 되는데 이러한 생리적 불균형이 오랫동안 누적되면 오장육부에 만성피로가 쌓이게 되고 결국 장기의 기능이 저하되거나 질병을 일으키게 된다.

뜸요법

뜸은 주로 쑥을 피부나 경혈 등의 특정 부위에 놓고 태움으로써 체표로부터의 온열적 자극을 생체에 미치게 하여 일정한 생체 반응을 일으켜 질병의 예방과 치료하는 치료방법이다.

- 뜸을 뜨면 신경이나 조직에 열 또는 온열자극을 줌으로 뇌척수신경이 나 자율신경계통에 긴장도나 혈구변화를 일으킨다. 백혈구는 뜸 시술 후 2시간에서부터 증가하기 시작하여 48시간 정도 계속되고, 적혈구 와 혈소판도 함께 증가한다.
- 상습성 두통이나 편두통, 천식, 위장병, 신경통, 생리이상, 변비 등에 뛰어난 효과가 있다.
- 비만, 냉대하, 생리통, 월경불순, 불임, 성교통증, 요통, 좌골신경통, 퇴행성관절염, 만성설사, 만성복통, 수족냉증 등에도 효과가 있다.

📛 부항요법

부항은 피부에 밀착시켜 수축하는 공기의 음압으로 피부 밑의 나쁜 피 나 고름을 제거하기 위하여 사용되 었다.

현재는 수동식이나 전동식 기구 및 기계를 이용하여 음압을 유발시키 며, 적응 범위도 단순 타박 등 외상성질환 뿐만 아니라 만성적인 내과 질 환에까지 광범위하게 사용하고 있다.

부항요법은 경혈상의 피부에 비 생리적인 체액인 어혈을 제거하고 흡착 자극에 의하여 척추신경의 중추를 자극하여 신경을 안정시키고 통증을 완화시키는 효과를 가지고 있다.

특히, 비 생리적인 체액인 어혈은 각종 질환의 원인이 되는데, 이를 제 거하여 생리통, 자궁질환, 비만 등 질환을 예방 치료한다.

류머티즘, 복통, 위통, 소화불량, 두통, 고혈압, 감기, 생리통, 비만, 염좌,

타박상 등 에 효과가 있다.

고열 경련, 피부과민, 궤양이 파열된 부위, 근육이 지나치게 수축되거나 굴곡된 부위, 모발이 많은 부위에는 사용할 수 없으며 임산부에는 신중하게 치료해야 한다.

식사 직후, 출혈 가능성이 있는 부위, 골절 부위에는 금하며, 약하게 시작하여 피로감이 심할 경우 2~3일 휴식 후 실시한다.

부항치료 후에는 붉거나 청자색의 흔적이 남는데, 이는 정상적인 현상으로 1~2주 후면 소실되며, 흔적이 남은 부위를 가볍게 두들기거나 마사지를 해주면 부항의 효과를 빨리 볼 수 있다.

자연요법

과학의 발달로 인한 의료기술의 향상으로 현대의학은 눈부신 발전을 해왔지만 아직도 정복되지 않은 질병이 더 많으며, 첨단 의학 기구들조차 진정한 치유를 가져다 줄 수는 없다는 불완전성은 여전히 존재한다. 그래서 자연에 눈을 돌려 오직 자연만이 치료하고 완치시킬 수 있다는 인식의 접근이 시도되고 있는데 이것이 바로 인체가 가지고 있는 자연 치유력을 여러 가지 방법으로 키워주는 자연요법입니다.

자연요법은 환자의 자연적 소생능력을 강화시키고 보완해 줌으로서 본래의 면역성을 발휘하게 하는 치료의학으로 화학적 의약품보다는 자연적이거나 자연산물에서 건강식품 등을 사용한다.

🔲 색채요법 Color therapy

색깔을 이용하여 정신적, 신체적 질병상태를 개선시켜 주는 요법인데 한의학에서 오장五臟과 오색五色을 다양하게 임상 활용하여 사용하고 있다.

🔲 동종요법 Hemeopathy

18세기 독일에서 시작된 특수요법으로 '비슷한 성질을 가진 성분이 그와 비슷한 성질을 가진 병을 낳게 한다' 라는 원리를 이용하는 방법이다. 식물, 광물 또는 기타 자연물질을 최대한으로 희석시켜 그 미세한 원자적 물질상태를 질병치료에 사용하는데, 한의학에서는 약침요법 및 약물요법 등에 응용되고 있다.

🔲 음악요법 musical therapy, sound therapy

음악치료는 음악 및 음악활동을 체계적으로 사용하여 사람의 신체와 정신 기능을 향상시켜 개인의 삶의 질을 추구하고 보다 나은 행동의 변화를 가져오게 하는 요법이다. 현재 미국에만 70여 개 대학에서 배출된 5,000여명의 음악  치료사들이 의료계 및 교육계에서 활동하고 있으며, 우리나라에서는 명상음악이나 태교음악으로 잘 알려져 있다.

임상영양요법 Clinical Nutrition

임상영양요법은 의사와의 협력 하에 환자에게 부족된 영양분을 보충해 줌으로써 환자가 질병으로부터의 회복을 앞당기는 방법인데 음식으로 질병을 예방하고 치료하는 방법이다. 음식의 성분을 따지는 종래의 식이요법과는 달리 음식의 기를 구별하는 것이 이 요법의 특징인데, 한의학에서는 오장과 오미를 관련지어 활용할 수 있다.

명상요법 Meditation

명상은 주의와 의식을 훈련시키는 것을 포함하여 자발적인 조절에 의해 정신적인 결과를 가져오는 것을 말한다. 좌복이나 초월명상과 같은 형태도 있으나 그보다 더 의미심장하고 활발한 형태도 있다.

기타요법

기타요법으로는 과일요법, 야채요법, 단식요법, 열치료, 수水치료, 창조적 영상요법, 공기치료산림욕, 마사지요법, 지압, 차茶요법, 비타민과 미네랄요법, 바크 꽃 치료법, 롤핑, 요가, 알렉산더 기법 등이 있다.

향기요법과 영상, 음악요법 등을 동시에 실시하는 방법을 이용하는 것도 좋은 효과를 기대할 수 있다. 이밖에 자연요법 특유의 질병치유효과와 심리적 안정 효과를 살려 호흡기 및 각종 내과, 신경정신과, 피부과, 부인과 및 비만 센터, 척추크리닉 등과의 연계치료로 치료 효과를 극대화 할 수 있다.

한의학 관점에서의 비만의 원인과 증상

전신비만의 원인과 증상

비만이란 단순한 체중의 과잉상태를 말하는 것이 아니고, 대사장애로 인하여 체지방이 과잉 축적된 상태를 말하는 것이다. 개인의 이상적인 정상체중을 (키-100)×0.9로 보고, 10%초과되는 것을 체중초과라 하고 20%이상 초과된 것을 비만증이라고 한다.

체중이 많이 나간다고 해서 모두 비만한 것은 아니다. 오히려 정상체중이면서도 근육이 부족하고 체지방이 과잉된 상태는 비만이라고 한다.

비만은 그 자체보다 심장병, 고혈압, 당뇨, 동맥경화, 뇌졸중 등의 성인병을 유발시킬 수 있으므로 건강 최대의 적이라 할 수 있다.

비만의 비肥는 '살이 쪘다'는 말이고 만滿이란 '교만하다, 넉넉하다, 풍족하다, 번민하다'의 뜻이다. 즉, 비만肥滿이란 느긋하게 만족하다가 뚱뚱해져서 번민하게 되는 것이다.

한의학에서 보는 비만은 비기脾氣가 허약하여 수습水濕이 정체하는 허증虛症과 어혈, 담음, 식적 등이 축적되어 배출이 불가능하여 발생하는 실증實症으로 나눌 수 있는데, 유형별로 원인을 보면 다음과 같다.

🔥 식적형

'식적食積'이란 음식으로 생긴 모든 병을 일컫는데 소화장애라고 생각하면 된다. 비만이 음식물의 소화흡수와 밀접한 관계가 있듯이 한방에서 보는 비만의 원인 중에 가장 큰 비중을 차지하는 것이 식적과 관련이 있다.

식적으로 인해 만성피로에 시달리고 음식 생각이 없다, 소변이 시원하게 나가지 않으며 몸이 붓는다, 관절이 여기저기 아프기 시작한다, 헛배가 부르는 등의 증상이 나타난다.

🔥 어혈형

'어혈瘀血'은 피가 몸 안의 일정한 곳에 머물러서 뭉쳐서 생기는 것이 원인이다. 어혈이 뭉치는 것은 교통사고나 염좌, 타박상과 같은 외부적인 손상이 원인인 경우도 있고, 몸이 냉하여 혈액 순환에 문제가 생겨서 생리통이나 생리불순 등의 병증으로 나타나는 경우도 있다.

또한, 스트레스 등으로 화가 쌓여 혈이 더워지면서 혈액의 점도가 탁해져서 나타나기도 한다.

어혈로 인해 일반적으로 얼굴이 검고 피부색이 청자색으로 맑지 못하거나, 누르면 통증이 심하게 나타나기도 하며, 생리통과 생리불순, 심하면 생리가 끊어지기도 한다. 또한, 대변이 짙은 경우가 많고, 심한 경우는 건망증, 잘 놀라는 증상, 쉽게 화를 내는 등 정신적인 문제가 유발되기도 한다.

🦴 담음형

담음痰飮이란 우리 몸 안에 있는 진액, 즉 수분이 열로 인해 탁해져서 뭉친 것이다. 진액이 탁해지면 기의 순환에 장애가 생겨 각종 질환이 생기는데 동의보감에는 병의 70% 이상이 담음과 관련되었다고 할 정도 만병의 근원이 된다.

담음형 비만의 증상은
• 옆구리 속이 걸음을 걸을 때마다 출렁출렁 소리가 난다.
• 마신 물이 옆구리에서 흘러 다니면서 기침도 나고 가래도 생기고 옆구리가 걸리고 아프다.
• 기침과 천식이 있으면서 명치끝에서 꾸륵꾸륵 소리가 난다.
• 등 한가운데 손바닥만큼이 얼음장처럼 차다.
• 머리가 가렵기도 하고 벌레가 기어다니듯 하고 아프기도 하며 마비가 오기도 한다. 가슴이 답답하고 울렁거리고 경련이 나기도 한다.
• 뼈가 모두 저리고 팔다리를 들기 힘들고 가래침을 뱉기는 하는데 맑게 나온다.
• 온몸이 천근만근 무겁고 조금만 움직여도 피로하고 권태로우며 몸이 약해진다.
• 소화는 항상 잘 안되며 갈비뼈 밑에 무엇이 뭉쳐 있기도 한다. 어떤 때

는 누우면 달걀만한 것이 배위로 불룩하게 솟아올라서 움직인다.

• 섭취한 음식이 크게 달라진 것도 없는데 한두 달 사이에 갑자기 살이
  쪘다.

🫖 담음형 비만의 다이어트

• 지방이 쌓이기만 하고 쓰이지 못해 갑자기 살이 찐다.

• 담음을 치료하지 않으면 절대로 살이 빠지지 않는다.

• 담음이 없어지지 않는 한 아무리 굶고 아무리 열심히 운동을 해도 지
  방이 빠지지 않는다.

• 담음은 일반적으로 초기에는 신진대사 장애를 일으키지만 점차 종양
  으로 발전하게 된다. 심한 경우에는 암으로 발전하기도 하며 오장육부
  에 실질적인 질병을 유발한다.

• 담음을 없애기 위해 세포를 정상세포로 만들어주고 균형 있는 영양소
  를 섭취한 후 다이어트를 시도해야 한다.

🫖 담음형 비만의 경우에는 살 빼는 데 효과가 있는 한방차가 없다.

🫖 기허형

기허氣虛형 비만은 한방에서는 형성기쇠形盛氣衰라고 하는 유형이다.

몸은 크지만 기운은 부족하다는 뜻으로 기운이 없으면 몸 안에 노폐물
이 쌓여서 몸집이 점점 커지게 되는 것이다. 기운이 부족해지면 몸 안에
일어나는 일련의 작용들, 즉 음식물을 소화흡수시키고 운반하고 대소변
이나 땀을 처리하는 능력이 점점 떨어진다. 잦은 다이어트로 기운이 없는
사람이 살이 찌는 이유도 이로 인해 나타나는 것이다.

• 증상 : 평소에 기운이 없고 운동이나 활동을 하고 나면 더욱 피로해

진다.

- 과로한 연후에 몸이 부으면서 살찌는 경향이 있다.

- 한 끼라도 굶으면 어지럽고 손이 떨리는 경향이 있다.

- 항상 몸이 늘어지고 쉬고 싶다.

- 감기에 걸리면 감기약이 잘 듣지 않으며 잘 낫지도 않는다.

기허형비만의 다이어트 법

굶는 다이어트는 절대 안 된다. 규칙적인 식사와 고른 영양 섭취를 함께 병행해야 한다.

- 하루 식사는 규칙적으로 한다.

- 간식을 먹지 않는다.

- 반드시 충분한 수면을 취한다.

- 샤워는 자주하되 사우나는 하지 않는다.

- 찬 음식은 삼가 냉면, 메밀, 맥주, 빙과류, 해산물 중 소라와 같은 갑각류

기허 氣虛 형 비만에 도움이 되는 한방차

인삼차

- 기운을 보충하면서 몸에 필요한 수분을 만들어내는 효과가 있고 신진대사를 활발히 하여 지방을 분해하는 효능이 있다.

- 인삼 100g 정도를 넣고 물을 많이 부어 차 맛이 날 정도로 묽게 끓인다.

- 수시로 마시되 하루 5잔 이상은 금한다.

- 다이어트를 목적으로 할 때는 대추나 설탕을 절대 넣어서는 안 된다.

- 인삼차를 마시고 열이 나서 잠을 잘 수 없거나 가슴이 답답해지는 증상이 있는 경우에는 피해야 한다.

백출차

- 백출은 소화 기능과 신진대사를 담당하는 비장을 튼튼하게 하는 효능이 있다.
- 인삼과 백출을 같은 비율로 약한 불로 약 1시간 정도 끓인다.
- 식사 전후로 1시간 정도 시차를 두고 하루 3~4회 마신다.

🪶 기체형 비만

신경을 쓰거나 스트레스를 받으면 통증이나 이상 증세가 나타난다.

- 신경 쓴 일로 가슴이 무리하게 아플 때가 많다.
- 평소 화를 많이 내는 편이고 별 이유 없이 가슴이 아프다.
- 신경만 쓰면 대소변이 안 나오거나 잦아진다.
- 신경만 쓰면 배가 잘 아프고 가슴이 답답하다.
- 자주 가슴과 배가 칼로 찌르듯 아프고 숨이 막힌다.
- 자주 옆구리와 배가 찌르듯이 아프다.
- 찬 기운이나 뜨거운 기운이 위로 올라오는 것 같다.
- 뼈와 신장에 이상이 없는데도 허리가 몹시 아프며 신경쓰면 더 심해진다.

🍵 기체형 비만의 다이어트

- 스트레스 때문에 지방대사에 이상이 생긴 비만이다. 마음만 편해져도 다이어트에 효과가 나타난다.
- 스트레스가 없어지면 기 흐름이 원활해져서 기혈의 순환이 좋아지고

지방소비가 촉진된다.

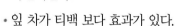 도움이 되는 한방차

녹차

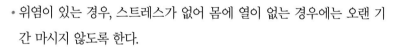

- 뭉친 기를 풀어주고 심장의 열을 내린다.
- 혈액을 맑게 하여 지방분해를 촉진시킨다.
- 잎 차가 티백 보다 효과가 있다.
- 위염이 있는 경우, 스트레스가 없어 몸에 열이 없는 경우에는 오랜 기간 마시지 않도록 한다.

탱자차

- 뭉쳐진 기를 분산시켜 기혈 순환이 잘 되도록 도와주며 감기예방에도 좋다.
- 탱자 껍질 10g에 물 6컵을 부어 약한 불에서 끓인다.
- 물 양이 반으로 줄 때까지 끓인다.
- 1일 3회 나누어 수시로 마신다.

정향차

- 향기가 있어 뭉친 기를 풀어주며 지방분해를 돕는다.
- 10g에 물 6컵을 부어 반으로 줄 때까지 약한 불에 달인다.
- 1회에 한 컵씩 하루 세 번 수시로 마신다.

간승비형 비만

스트레스를 받으면 폭식한다.

- 스트레스를 받으면 식욕을 억제할 수 없어 마구 먹게 된다.
- 평소 식사 조절이 잘 되다가도 스트레스로 인한 폭식 때문에 실패한다.
- 식욕과 관계없이 정신 없이 음식을 먹을 때가 있다.
- 굶었다가 한꺼번에 마구 먹기를 반복한다.
- 스트레스로 인해 폭식을 할 때는 '내가 왜 이럴까? 이러면 안 되는데' 하면서도 계속 먹는다.

간승비형 비만 다이어트

- 스트레스성 폭식이 살찌는 원인이다.
- 스트레스로 몸에 통증이 나타나고 입맛이 뚝 떨어지고 식욕을 잃는다. 스트레스를 받았을 때 폭식한다.

간승비형 비만에 도움이 되는 한방차

모과차

- 위장의 소화 기능을 튼튼하게 하며 힘줄과 뼈를 건강하게 해준다.
- 입맛을 없게 하여 식욕이 줄어드는 효과가 있다. 자주 차로 마시면 스트레스로 인해 뭉친 기를 풀어주는 효과가 있다.

- 모과를 얇게 썰어 저며서 만든다.
- 설탕에 절여둔 모과를 사다 써도 된다. 꿀이나 설탕을 넣지 않고 수시로 마신다.
- 오래 복용하는 것은 피한다.

율무차

- 1회 복용분량으로 율무12g, 백출12g, 산약8g, 진피4g를 혼합하여 달인다.
- 한꺼번에 많이 달여 냉장고에 넣어두고 마셔도 된다.
- 1일 3회 이상 차로 마신다.

청피지실차

- 폭식 정도가 심하거나 옆구리에 뻐근한 감이 느낄 때 청피와 지실을 섞어 차로 달여 마시면 증상이 나아진다.
- 청피와 지실을 각각 8g씩 주전자에 넣고 물을 1컵 반 정도 부어 가장 약한 불로 반 컵으로 줄어들 때까지 끓여 마신다.

비실형 비만

식사시간이 지나도 별로 배고프지 않고 과식해도 끄떡없다.

- 무슨 음식이든 가리지 않고 잘 먹는다.
- 식사시간을 넘겨도 그다지 배고프지 않으며 한 두 끼 정도 거르는 것은 별로 힘들지 않고 잘 참을 수 있다.
- 과식이나 폭식을 해도 여간해서는 위장에 탈이 나지 않는다.
- 입맛을 잃지 않는다.
- 끼니를 걸렀다 과식했다 하는 생활을 반복한다.
- 평소 과식을 많이 하는 편이다.
- 살이 찌긴 했어도 비교적 건강한 편이다.

비실형 비만의 다이어트

- 식욕을 억누르지 못해 과식으로 생긴 비만이다.

• 식욕만 조절하면 쉽게 뺄 수 있다.

🍵 비실형 비만에 도움이 되는 한방차

보리차

• 항진된 비장의 기능을 약간 떨어지게 한다.

• 가급적 진하게 달여서 복용한다.

• 오래 복용하면 위 기능을 떨어지게 하므로 적절히 복용해야 한다.

• 위장이 허약하여 조금만 먹어도 위가 더부룩하거나 소화가 잘 안되어
음식물이 위장에 오래 남아 있는 느낌이 있는 사람에게는 적절치 않다.

창출차

• 삽주뿌리를 말한다.

• 세포 내에 수분대사 기능을 촉진하여 비만을 유발시키는 원인이 되는
노폐물의 축적을 막아주고 신진대사를 좋게한다.

• 약 20g 정도에 물 6컵을 넣고 약한 불에서 끓여 반으로 줄면 하루에
나누어 마신다.

• 설탕을 넣으면 안 된다.

🛕 비허습형 비만

적게 먹는 편인데도 살이 빠지지 않고 팔다리가 무거우며 항상 피로
하다.

• 평소 입맛이 별로 없다.

• 평소 식사량이 적다.

• 평소 팔다리가 무겁거나 찌뿌듯하고 움직이기 힘들고 싫다.

- 평소 소화가 잘 안되고 식사 후 더부룩하거나 잘 체한다.
- 식사 후 또는 속이 비었을 때 쓰리거나 아프다.
- 허기진 것을 참지 못하며 허기지면 아프거나 몹시 기운이 없다.
- 항상 대변 상태가 좋지 않고 변이 묽거나 변비가 있다.
- 몸이 잘 붓는다.

🍵 비허습형 비만 다이어트 법

- 몸이 차고 잘 붓는다면 살빼기가 어렵다. 가장 살이 안 빠지는 유형이다.
- 몸이 붓는다고 이뇨제를 먹으면 안 된다.
- 비장이 약해지면 지방의 두께가 늘어난다.
- 비장이 나쁘면 생리가 10일 이상 계속 되기도 한다.
- 식사는 규칙적으로 정해진 양을 먹도록 노력해야 하며 단식이나 극단적인 절식은 피한다.

🍵 비허습형 비만에 도움이 되는 한방차

율무차

- 세포 내 수분대사를 촉진하여 습을 제거하며 노폐물의 축적을 차단시켜 신진대사를 좋게한다.
- 볶은 율무를 24g에 물 6~7컵을 넣고 끓여서 물이 반으로 줄면 하루에 나누어 마신다.
- 율무는 성질이차서 오래먹으면 몸이 차질 수 있으므로 생강차를 같이 복용하면 좋다.

창출차

- 비장 기능을 돕고 소화력을 높인다.
- 창출 16g에 물 4컵을 약한 불에 넣고 끓여서 반으로 줄 때까지 달인다.
- 비만의 원인을 없애줄 수 있지만 질병까지 없애지는 못한다.
- 위장장애가 심하지 않은 경우에만 섭취하는 깃이 좋다.

칠정七情형

칠정형은 스트레스성 비만이다. 칠정이란 기쁨, 노함, 근심, 생각, 슬픔, 공포, 놀람 등의 일곱 가지 감정 상태를 말하는데 이것이 지나치면 장부 기혈에 영향을 미쳐 병을 일으키게 된다.

즉, 사람이 화가 나면 열이 나고, 이를 잘 풀지 못하면 식욕과 관계가 있는 비장을 자극해서 과식하는 경향이 있는데, 그 후에 굶게 되는 경우 결국 간, 비장 위장이 모두 손상 받게 된다.

증상

- 열이 올랐다 내렸다 하고 항상 긴장하는 경향이 있다.
- 조그마한 자극에도 감정을 억제하지 못하고 폭발하는 경향이 있다.
- 모든 것을 내 탓으로 돌리는 우울한 기분이 잘 든다.

양허형

양기陽氣란 우리 몸을 따뜻하게 해주고 활동의 에너지를 제공하는 태양과 같은 존재이다. 인체 내에 양기가 부족하면 지방대사를 비롯해서 체내 활동력이 저하되어 살이 찌게 된다.

증상

- 항상 몸이 차갑고, 조금만 추워도 감기에 걸린다.
- 소화제를 먹어도 소화가 잘 안 된다.
- 항상 무기력하고 만사에 의욕이 없다.
- 아랫배가 많이 나온다.

겉으로 보기에는 정상이거나 마른 듯해도 유달리 하체가 튼튼해 미니스커트 한번 못 입어 보는 것을 탄식하는 여성들이 많다. 이런 사람들의 체형은 대부분 어깨는 좁고 허리는 가늘어도 엉덩이와 허벅지에 군살이 많고 종아리가 굵은 체형이다.

이는 대체로 오랜 시간 앉아 있는 여성들에게서 많이 나타나며, 혈액순환이 잘 이루어지지 않아 다리가 쉽게 아프든지 잘 붓는 증상이 나타난다. 하체에 모이기 시작한 지방은 시간이 흐르면서 복부, 가슴, 팔뚝 등으로 이동하면서 전신 비만으로 이어질 우려가 있다.

체질

하체 비만이 심한 사람들은 체질과 관련이 깊다. 전체적으로 우람한 체격의 태음인은 상체인 목덜미 부위가 약한 대신 허리 쪽이 발달되어 있고, 소음인은 상체 부위는 마른 대신 하체 쪽이 상대적으로 튼튼한 편이다.

이런 체질들은 정적이고 걷기를 싫어하며, 앉거나 누워 있기를 좋아하여 하체 부위로 살이 찌기 쉽다.

운동부족

섭취하는 에너지에 비해 사용되는 에너지양이 적을 경우 살이 찌게 되어 있다. 하체 비만의 경우도 짧은 거리를 걸어 다니지 않는다든가 엘리베이터를 자주 이용하는 사람이라면 다리에 군살이 붙는 것은 당연하다.

변비, 생리불순 등으로 인한 노폐물 축적이나, 대소장 이상, 변비, 생리불순, 또는 생식기 쪽에 이상이 있을 경우, 노폐물이 제대로 배출되지 않을 경우 하체 비만의 원인이 된다.

지방형

엉덩이에서부터 다리까지 전체적으로 비만인 타입이다. 힘을 줘도 근육이 만져지지 않고 전체적으로 비만인 경우가 많다. 몸무게보다 뚱뚱해 보이는 사람, 전체적으로 두리뭉실한 몸매를 가지고 있는 사람, 빵, 과자, 밀가루 음식을 좋아하는 사람이 대부분 지방형에 속한다.

부종형

흔히 말하는 물렁살이다. 다리, 발목이 굵고 무릎에 살집이 있는 사람이 많고, 오후가 되면 다리가 퉁퉁 붓거나 피곤하면 종아리가 단단해진다. 앉아 있는 시간이 많거나 평소 몸이 붓는 사람, 짠 음식을 좋아하는 사람들에게 잘 나타나는 유형이다.

근육형

서서 힘을 주거나 하이힐을 신으면 보기 싫게 종아리가 불룩하고 알통이 생기는 유형이다. 허벅지보다 종아리가 상대적으로 더 굵고, 피하지방이 많은 편은 아니지만, 힘을 주면 다리가 딴딴해지거나 몸무게보다 날씬해 보이거나 종아리

살이 단단해서 손으로 잡기 어려운 경우가 많다. 운동을 하다 중단한 경우나 장시간 서서 일하는 사람들에게서 많이 볼 수 있다.

종합형

종합형은 지방형, 부종형, 근육형 중 두 세 가지가 혼합된 유형으로 대부분의 하체 비만이 종합형에 속한다.

복부비만의 원인과 증상

흔히 다이아몬드형 비만이라고 부르는 복부비만은 성인병을 유발하는 근본적인 원인이 된다. 복부비만이 생기는 가장 일반적인 이유는 식사를 규칙적으로 하지 못하고 폭식을 자주 하거나 굶는다거나 혹은 과식이 이유가 되는 경우가 많다.

인체 내의 혈액순환과 영양분의 이동을 담당하는 비장의 기능이 허약해지면 위장이 음식을 제대로 소화시켜도 기운을 온 몸에 골고루 보내지 못하기 때문에 복부에 기운이 뭉쳐 가스가 차게 되어 복부비만이 생기게 된다.

몸을 순환해야 하는 기운이 순환을 하지 못하고 복부에만 묶여있기 때문에 소화가 잘 안 되고, 대변을 잘 못 보는 등의 증상이 나타난다.

배 전체에 살찐 유형

식욕이 너무 왕성하고 끊임없이 먹는 '대식가형'이 많다. 또, 변비가 있어 아랫배가 항상 묵직한 경우가 많다.

윗배만 나온 유형

대체적으로 밥을 먹는 시간이 불규칙하고 잘 거르거나 스트레스를 많이 받아 위장이 나빠진 경우, 또 폭식을 하거나 과식을 하면 위가 줄었다 늘었다 하는 과정에서 위장이 처져서 윗배가 나온다.

밥을 먹으면 소화가 잘 안 되는 경우가 많다.

아랫배만 나온 유형

대장 운동이 활발하지 못해 항상 아랫배에 가스가 차거나 변비가 있어 아랫배가 유난히 묵직한 느낌이 든다. 굶거나 폭식하기를 반복하면 장이 규칙적으로 활동하지 못해 변비가 생길 수 있다.

📋 산후비만의 원인과 증상

출산 후 증가된 체중으로 인해 스트레스를 받는 사람들이 많다. 임신 중에는 임신이나 수유기에 소모할 에너지를 대비하기 위해 생리적으로 소화, 흡수 기능을 촉진시켜 에너지원으로서 지방을 미리 축적시키기 때문에 체중이 불어나는 것은 정상적인 현상이다.

임산부가 절제 없이 과식하여 지나치게 체중이 늘어나거나 산후조리 과정에서 체중이 더욱 증가하여 비만이 되는 것이다. 특히, 임신 중 비만은 태아를 과도 성장시켜 출산 시 난산으로 고생하기 쉬우며 태아를 비만 체질로 만들 수 있기 때문에 각별히 신경 써야 한다.

출산 후 증가된 체중이 임신 전 체중으로 돌아오는 데 걸리는 기간은 대략 5개월 내외인데, 이 기간 동안 체중이 증가하거나 체중 감소의 속도가 없을 때는 체중관리를 해야 한다.

임신 중의 영양 과잉

임신 중에는 식성이 좋아져 과식하게 된다. 임신 때의 식성이 출산 후에도 이어져 만성적 영양 과잉을 초래하게 되면 산후비만이 악화될 위험이 있다.

모유 수유 기피 경향

모유 수유는 아이에게 정서적으로 좋은 영향을 줄 뿐만 아니라 허벅지와 배 등에 축적된 지방을 소모시켜 준다.

출산 후 신체활동의 감소

산후조리를 우선으로 해야 하지만, 산후조리를 핑계로 좋은 음식만 먹고 기초 운동을 하지 않고 누워있으면 출산 후에도 체중은 빠지지 않는다.

성급한 재 임신

정상체중을 회복하지 못한 상태에서 다시 임신을 하게 될 경우 산후비만이 올 확률이 높다. 건강을 위해서라도 충분한 몸조리와 정상체중 회복 후에 임신하는 것이 바람직하다.

🖐 산후 우울증

난산이나 산후 우울증 등으로 폭식하거나 영양가 많은 음식만 지나치게 섭취할 경우 출산 전 체중을 회복하기도 전에 비만이 되기 쉽다.

🗓 소아비만의 원인과 증상

소아비만은 보통 유아기에서 사춘기까지의 비만으로 키에 비해 몸무게가 20% 이상 많이 나가는 경우이다.

소아비만 원인은 성인의 비만과 마찬가지로 영양학적, 정신적, 가족적 요인 등 복합적인데, 그 중에서도 부모가 비만할 경우 아이들이 비만할 확률이 가장 크다.

최근에는 생활환경의 변화로 뛰어 노는 시간보다 게임이나 TV시청으로 아이들의 운동량이 줄어들고, 인스턴트식품이나 가공식품, 육류 등 열량이 높은 음식의 섭취가 늘어나는 것도 소아비만이 증가하는 요인이다.

특히 소아비만은 한 살 이전의 영아기, 다섯 살 전후 및 청소년기에 발병하기 쉬우므로 이 시기에는 각별한 주의가 필요하다.

🖐 소아비만은 지방 세포의 수와 크기가 모두 증가한다.

단순히 세포의 크기가 커지는 성인비만과는 달리 소아비만은 지방 세포의 수와 크기가 모두 증가하고 그 세포수가 세 배나 되어 더욱 위험하다. 지방 세포의 수가 많은 비만의 경우 살을 빼려고 할 때 세포의 크기가 줄어드는 데 한계가 있으므로 지방 세포의 수가 정해지는 시기에는 주의해야 한다.

🔥 각종 성인병 및 그 합병증의 발생률이 높다.

콜레스테롤이나 지방질이 혈관에 많이 끼어 동맥경화, 지방간, 고혈압, 당뇨병 등 각종 소아 성인병으로 발전하기 쉽다.

🔥 성인비만으로의 발전 가능성이 높다.

이 경우 평생 잦은 다이어트로 인해 정신적, 육체적 고통을 겪게 된다.

🔥 자신감이 없는 성격으로 바뀐다.

비만으로 인해 남 앞에 나서기를 꺼려하고 정신적으로 소극적이 되기 쉽다. 결국 성격 형성과 대인관계에 악영향을 끼치기 쉽다.

소아비만은 골격이 크고 근육조직이 풍부해서 체중이 많이 나갈 수도 있으므로 단순히 체중만으로 판단할 것이 아니라 전문 다이어트 코치와 상담하여 관리하는 것이 좋다.

🗂 한의학적 체질별 비만의 유형

🔥 소양인 상체 비만형

비장이 강하고 신장이 약한 체질로 지나치게 식욕이 당겨 주로 상체에 살이 찌는 타입이다.

소음인하체 비만형

신장이 강하고 비장이 약한 체질로 소화 기능이 약해 마르기 쉬운 체질이나 위장장애나 대사장애로 허리 이하가 비만한 타입이다.

태양인주로 마른형

폐장이 강하고 간장이 약한 체질로 에너지 소모 배설 기능이 강하고 소화흡수 기능이 약해 정상 체형내지는 마르기 쉬운 체질이다.

태음인전신 비만형

간장이 강하고 폐장이 약한 체질로 에너지 흡수 축적은 강하고 소모 배설 기능은 약해 전신에 쉽게 살이 찌는 타입이다.

비만증의 단방

차나무잎작설차

• 달여서 복용하면 피내지방 제거

적소두赤小豆

• 비습肥濕한 사람이 마시면 살이 내린다.
• 하루 15~30g을 달여서 복용

동과冬瓜

• 동아씨. 몸이 여위고 가볍고 건강하게 되니 빻아서 죽을 쑤어 먹거나

김치를 만들어 먹는다.

• 하루 8~16g 달임약 또는 가루약 형태로 복용

상지차뽕나무가지차

• 습을 제거하고 여위게 한다.

• 하루 10~15g을 달여마신다.

• 소변을 잘 누게 하고, 뼈마디에 좋으며, 고혈압, 관절염에 효과가 좋다.

곤포다시마

• 기氣를 끌어내리고 여위게 한다.

• 담을 삭히고 굳을 것을 유연하게 하며 소변을 잘 누게 한다.

• 갑상선 기능조절작용, 혈압강하, 방사성물질배설촉진작용, 혈액응고방지, 항암작용, 동맥경화, 간장병의 예방에 효과

• 1일 6~12g 달여서 복용하거나 환약으로 복용

차초茶草

• 피부밑의 지방을 없애 여위게 한다.

• 편두통, 각기, 황달에 좋으며 하루 9~15g 달여서 복용, 가루로 만들어 복용

수근미나리

• 습을 없애고 열을 내리고 여위게 한다.

• 미나리 생즙 + 사과 갈아서 복용한다.

평생의 숙제 다이어트

비만치유

요즘 다이어트를 하다 또 다른 질병을 얻어 죽음까지 초래하는 것을 보면 비만치료에 대해 더욱 전문적이 시스템이 요구되는 시점이다.

남녀 모두 날씬하고 아름다운 몸매를 갖기 위함은 본능 건강에 큰 해를 입힐 수 있다는 점을 인식해야 한다.

비만은 미용보다는 건강 차원으로 보는 시각이 올바른 것이다.

비만의 원인은 '신장 기능저하'로 나타난다. 신장 기능저하로 혈액 속에 요산과 요소 수치가 높아 몸이 부어있는 상태에 몸이 부어 있는 시간이 쌓여 지방층을 형성하면 그 지방층을 녹여 내야만 체중이 빠지기에 시간이 오래 걸린다.

모세혈관에 지방층이 형성된 사람은 혈액순환이 제대로 되지 않아 모든 근육 세포가 경직되어 있다. 경직된 세포는 이완이 되지 않기에 손으로 쥐어보면 조그만 힘을 주어도 통증이 심하고 단단하며 충격을 주면 곧바로 통증을 느끼지 못하고 한참 후 통증을 느낀다.

비만 자체가 신장 기능저하가 원인이고 신장 기능저하를 그대로 방치하면 당뇨, 고혈압, 알레르기 체질, 중풍 등 갈수록 큰 질병이 온다.

비만자체를 질병으로 본다. 그 원인은 비만의 발병원이 신장 기능저하의 합병증으로 보기 때문이다.

신장 기능이 떨어지고 요산 수치가 높아져서 혈액 속에 산소 부족 현상이 오면 산소 부족은 세포들을 무기력하게 하고 소화 기능을 떨어뜨린다. 이렇게 되면 장에서 흡수된 영양분이 에너지로 승화되어 발산이 되지 않고, 혈관을 떠돌다 좁아진 모세혈관이나 유속이 느린 혈관에 붙어서 시간이 지나면 지방층으로 변하여 비만을 오게 한다.

비만치료는 어떻게 해야 할까? 세포가 소화불량이 된 원인을 제거해서 세포의 활동력과 소화 기능을 회복시켜 주는 것이 올바른 비만치료법이다.

신장 기능을 회복시켜 혈액 속의 요산 수치를 낮추어 줌으로써 혈액 속에 산소 함유량을 높여 세포들이 왕성한 활동을 할 수 있는 환경을 만들어 주는 것이다. 이러면 산소부족으로 소화 불량이 된 세포는 활동이 왕성해지고 소화력이 회복되면 장을 통해 흡수된 영양분을 에너지로 승화시켜 발산을 하니, 영양분이 혈관을 떠돌다 모세혈관이나 유속이 느린 혈

관 벽에 쌓이는 원인 자체를 치료한 결과가 된다.

그런데, 현실은 어떠한가? "지방을 녹여서 뺀다. 흡입술로 뺀다. 굶어서 뺀다. 운동으로 뺀다. 설사로 장기를 고장내서 뺀다. 장에서 영양분을 많이 흡수하는 것이 비만의 원인이니 장의 길이를 잘라내서 체중을 뺀다."하는데 이러한 방법으로는 이미 시술을 하기 전에 안 된다는 답은 나와 있다.

🖌 지방을 녹여서 뺀다.

지방이 쌓이게 된 원인이 신장 기능저하가 원인이라면 지방이 쌓여다는 현실이 이미 신장 기능이 떨어졌다는 말과 일치하는데 지방을 녹여만 놓으며 녹은 지방은 신장이 걸러서 배출을 해야 하는데, 이미 기능이 떨어진 신장이 녹여 놓은 지방 성분을 걸러낼 기능이 있을까?

약만으로 녹여서 살을 뺀다는 생각은 부작용만을 초래한다. 만약, 약만으로 살이 빠질 정도로 지방을 녹일 수 있고 신장 기능을 회복시킬 수 있다면 과학이 이 정도까지 발달한 현실에서 비만, 저혈압, 고혈압, 당뇨, 통풍, 중풍환자는 이 땅에서 병의 이름 자체가 없어져야 합당한 것이다.

🖌 흡입술로 지방을 흡입해서 뺀다.

흡입술로 지방을 흡입했다고 신장 기능이 회복될까? 원인은 그대로 두고 원인에 의해 쌓인 지방만 뺀들 시간이 지나면 또 쌓인다는 것은 이미 정해진 사실이다.

🖌 다이어트로 굶어서 뺀다.

지나친 다이어트는 몸과 마음을 동시에 망가뜨리는 결과를 초래할 수 있다. 차라리 자연의 섭리에 순응하여 오장육부의 기능을 회복시킨 후 음식 중 입에 당기는 대로 먹는 것이 현명하다. 음식을 많고 적게 먹음의 결정도 장기의 현재기능 상태가 결정을 하고, 비만이 되고 너무 마르는 현상도 장기의 현재기능 상태가 결정을 하기 때문이다.

🏃 운동으로 살을 뺀다.

건강 차원으로 보면 운동은 권장할만한 사항이고 해야 한다. 하지만 인체의 생리 구조를 보면 신장 기능저하는 혈액 속 산소 부족을 오게 하고, 산소 부족은 만성피로를 오게 해서 움직임 자체를 싫어하게 하는 구조로 되어 있다.

인체의 구조는 운동을 하고자하는 마음마저도 건강이 좌우하기에 신장이 제 기능을 못 할 때는 끈기 있게 운동을 할 마음마저 유지하기 어렵게 되어 있다.

여기에 더 중요한 점은 아무리 운동을 많이 해도 어혈이 생기는 자체는 완화가 되지만 이미 생긴 어혈은 절대 녹아서 소멸되지 않는다는 점이다.

🏃 설사약을 복용해 체중을 빼는 방법.

설사약을 장기 복용하면 탈수 현상으로 체중은 빠진다. 하지만 탈수 현상으로 혈액이 길죽해지고 혈액의 양이 적어져 빈혈증세가 오는 현상은 어떻게 할까?

여기에 설사약을 장복하면 장이 영양분을 흡수하는 기능이 떨어져 몸과 얼굴에 기미, 검버섯이 생긴다.

🍶 장의 길이를 잘라내서 체중을 빼는 방법

미국에서는 시술을 하는 것으로 알고 있다. 이것은 단순히 과학적 성분학만을 기준해서 나온 생각임을 알 수 있다. 비만의 직접 원인인 신장 기능저하는 그대로 두고, 장에서 영양분을 흡수하니 장의 길이를 짧게 하여 체중을 뺀다는 발상은 인체를 먹이사슬의 유기적 연결고리로 보지 않고 단순한 장기의 기능만 끊어서 그 단면만을 보고 시술을 하는 발상이다.

비만, 마른증세, 음식을 많고 적게 먹음, 이 모든 것은 장기의 현재 기능 상태가 좌우하니 오장육부의 기능이 회복되어 비만인 사람은 체중이 빠지고, 메마른 사람은 살이 찌고 음식을 필요 이상 많이 먹는 사람은 양이 줄고, 아무리 먹어도 살이 찌지 않는 사람은 적당히 살이 찌는 것이 인체의 본래 구조다.

인체의 생리 구조를 제대로 이해한 시각으로 보면 이 결론이 나오는 것은 상식적인 이야기가 된다.

🗂 비만 치유의 개괄

- 식이요법, 운동요법, 행동수정요법, 식욕억제제, 이뇨제, 설사제
- 포만감을 주기 위한 섬유질 약물 요법
- 외과에서 장이나 위의 용적을 줄이는 수술 요법
- 성형외과에서 초음파를 이용하여 지방 세포를 분해·제거하는 지방제 거수술
- 체형미 교실이나 체중조절 센터, 비만관리 등에서 편안히 누워있으면 기계가 움직 여주는 토닝시스템, 인치 바이 인치

- 강력한 열풍을 이용하여 마사지 진동시킴으로써 지방분해를 촉진하는 제트슬림
- 원적외선이 지방을 분해시키는 원리를 이용한 원적외선 사우나
- 땀복이나 지방분해효과를 가진 연고제, 파스, 랩 등을 이용하는 방법

> ⚲ **대체식이요법**
>
> · 과일이나 요구르트 등을 이용한 모노다이어트요법, 효소, 현미식요법, 스스끼식, 덴마크식, 이희재식 다이어트

각 의학 분과별 비만치료 개요

가정의학 클리닉 측면

- 체지방을 측정, 감량목표를 정하고 음식 일기를 쓰게 해 식습관을 교정해 주는 일반적인 처방에다 식욕억제와 포만감을 갖게 하는 약물을 쓴다.
- 약은 나름대로 효과를 인정할 수 있지만 일부에서는 우울, 불면, 자살기도 등 부작용이 발생한다.
- 무리한 금식, 과도한 운동은 치료 중단 후 요요현상으로 상태를 더욱 악화. 따라서 식습관을 바꾸는 영양교육과 생활실천 가능한 운동처방 병행해야 한다.
- 연말연시 파티, 잔치에서의 다이어트 전선
  - 식사 전 냉수나 우유를 한 컵 마셔 공복감을 없애 폭식을 예방

- 식전에 수프나 와인을 먹으면 식욕이 촉진
- 공복감이 어느 정도 사라지면 숟가락을 놓으라
- 과음하면 식욕중추가 억제되지 않아 폭식
- 다이어트 중 술을 마셔야만 할 때는 다른 술보다 양주를 소량 마실 것 맥주는 빵 하나분의 열량
- 파티 전 끼니를 제때 먹는 것이 가장 중요하다.
- 수많은 음식을 일일이 맛보려 들지 마라
- 지방이 많은 육류의 섭취를 자제하라
- 한 요리를 먹을 때 적게 담아 먹기 시작하고 같은 요리를 더 먹을 경우 처음보다 분량을 적게 하는데 특히, 가장 좋아하는 음식에는 이 원칙을 반드시 적용
- 술복부비만은 술 배이나 음료수도 체중증가 요인임을 명시할 것
- 조리 시 버터나 마가린 대신 과일주스, 포도주 등으로 맛을 낼 것

🖊 한방 개요

적게 먹고 에너지 많이 소모하게 하며, 절식에 따른 신체 불균형 잡도록 보약 처방, 체질에 따른 약의 가감과 체중감소에 따른 부작용 방지, 보조요법으로 침을 활용한다.

> 📍 **체질(주로 태음인, 소양인)**
> · 간, 위, 소장 등이 왕성해 조금만 먹어도 소화흡수와 축적이 잘된다.

📐 정신과적 측면

- 정신적 섭식장애 : 상습적 과식, 폭식, 거식증
- 심리검사와 면담, 심리교육과 행동 및 인지 치료, 잠재적 우울을 개선하기 위해 항 우울제를 사용하기도 한다.
- 코미디보다 공포영화를 볼 때 팝콘봉지를 비우는 비율이 높다는 연구 결과 : 심리상태와 식욕의 상관관계 → 섭식장애는 상실감에 대한 보상작용이 먹는 욕구로 대체된 것이다.

📐 성형외과

최근 의학계 일각에서는 비만은 의지력의 문제라기 보다 뇌의 화학작용과 관련된 문제로 보고 있다.

충동적으로 음식을 먹는 이들은 뇌속 신경전달물질인 세로토닌의 활동부족으로 항상 식욕을 느낀다. 따라서 만성적 식욕항진에 의한 비만증은 세로토닌의 불균형을 잡아준다. 물론 비만은 복합적 원인에 의한 증세이므로 우선 자신에게 맞는 식이요법, 운동 등을 시도한 뒤 약물 요법을 쓴다.

> 🔍 **세로토닌 억제제**
>
> · 미국 로체스터 의과대학 내과 비만 연구진에 의한 펜플루라민과 펜터민의 복합처방 → 이전 약물요법에 비해 중독성이나 부작용이 적으며, 평균 자기 체중의 16% 감소된 보고가 있다. 이상체중에 비해 20%이상인 중등도 이상의 비만환자에게 뚜렷한 효과

🥢 시중 다이어트

🍵 기아미노 수면 감량법 1- 벤트리 베티 박사

- 성장 호르몬 : 신진대사 기능, 기초대사율, 간과 근육의 에너지 소비, 지방연소 수면 중이나 심한 운동 시 분비, 10대 이후 급격히 저하, 성인이 되면 거의 정지된다.
- 특정 아미노산 풍부 식품을 취침 전 공복시 적당량 섭취 : 성장 호르몬의 왕성한 분비로 다량의 지방이 연소된다.

🍵 기아미노 수면 감량법 2 CK Night Diet - 프랭크 로빈 박사

- 성장 호르몬 분비시 지방 세포에서 지방산이나 지방을 떨어지게 하고, 간장이 떨어진 지방산이나 지방을 제거하고 신진대사를 활발하게 한다.
- 고밀도 아미노산으로 잠자는 동안 뇌하수체를 자극하여 성장 호르몬의 분비를 균형 있게 촉진하여 지방을 분해한다.
- 천연 식물성에서 추출한 고밀도 아미노산 중 L-아르기닌과 L-요루니진 아미노산이 성장 호르몬을 자극한다.
- 취침 2~3시간 전 간식을 피한다.

🍵 은봉정 다이어트

- soy fiber 한방에서 신진대사를 촉진하고 체력증진에 탁월한 효과를 발휘한다는 콩의 핵심추출물와 각종 생약재, 비타민 겸하여 복용한다.
- 몸속의 과잉 수분, 노폐물 등 배출 → 생체리듬의 활성화 통해 지방 감량

🍚 글루코만난 다이어트

- 분자량 200만 이상의 글루코만난이 음식물의 당분과 지방질의 칼로리 흡수를 차단하여 섭취영양의 23-47%의 절식 효과를 낸다.
- 특히, 장내의 노폐물과 독소를 배설, 제거하여 장을 깨끗하게 함으로써 장내 찌꺼기_{숙변}을 배설시키는 작용을 도와준다.
- 체중은 감소하되, 질병과 식욕은 정상화된다.

📋 다이어트 요법_{운동 제외}

- **부작용** : 식욕을 억제하는 팽창제, 굶는 다이어트_{의사 처방 없는 금식, 특정 저칼로리만을 섭취하는 선택적 절식}, 설사를 유발하는 화학성분이나 이뇨제
- 호르몬_{GH} 촉진제, 신경전달물질_{세로토닌}억제제, 장내흡수차단제
- 습담음 배출제거 한다.
- 이침, 지방분해전침, 지방흡입제거수술을 한다.
- 최면이나 암시요법, 행동수정요법
- 앞으로의 연구 방향 : 비만유전자의 조작

📋 식이요법

열량섭취가 소모보다 적어서 체내에 축적된 지방으로부터 필요한 열량을 공급받는 것이다.

식이요법은 가장 안전한 방법으로 필수영양소들이 적절하게 배합된 열량 낮은 식사를 한다.

당질 50% , 지방질 35% , 단백질 15% , 당질·지방질 제한 영양분이 많은 여러 가지 식품 섭취해야 한다.

열량제한식사 LCD : Low Calorie Diet

Cooking Calorie

- 하루 약 1200칼로리 공급
- 저열량제한식이 Very LCD : 하루 약 400, 800칼로리 열량
  - → 극심한 열량제한으로 체 단백질 손실과 관련된 심장질환과 같은 부작용
  - → 의사의 감독과 영양전문가의 상담 필요하다.

적극적인 치료법 : 단식요법

- 수 주 내지 수 개월간 물, 무기질, 비타민만을 섭취한다.

지방조직과 지방 세포 대사

지방조직의 에너지 대사

- 지방 세포 : 에너지의 저장과 방출을 수행하는 정교한 세포로 수개월 간의 에너지 소요를 충당한다.
- 과잉 에너지는 지방 세포에 동화되어 중성지방의 형태로 저장한다.
- 지방 세포는 에너지 저장에 적응하기 위해 직경을 20배까지 변화
  - → 세포 용적은 수천 배 까지 증가한다.

- **체지방량**

  - 정상인 10~20Kg

  - 비만인 40~100Kg이상까지 증가한다.

- **에너지 부족시** : 중성지방 - 가수분해 → 유리지방산과 글리세롤로 방출한다.

- **지방조직의 지질 동화와 분해** : 호르몬, 신경자극, 국소인자에 의해 정교하게 조절한다.

지방대사의 호르몬 조절

인슐린

- 주된 항 지방분해 호르몬이며, 호르몬 감수성 리파제를 탈 인산화 시켜 불활성화시킨다.

Adenylate Cyclase와 cAMP형성

- 베타-아드레날린 작용제는 adenylate cyclase를 활성화시켜 ATP에서 cAMP를 형성하며 부신갑상선 호르몬, 갑상선자극 호르몬, 부신피질자극 호르몬과 같은 일부의 펩티드 호르몬도 지방 세포에서 이러한 작용을 가진다.성인에서는 PTH나 TSH의 지방분해 작용은 미약하나, 신생아에서 TSH는 지방분해에 중요한 역할

지방조직 유리 국소인자

- 교감신경자극 → 지방 세포에서 아데노신 유리 → α2수용체에 결합 → Gi를 활 성화 → adenylate cyclase를 억제 → 지방분해 억제

- 베타-아드레날린의 자극 → 지방 세포에서 프로스타글란딘 유리 → 항지방분해

• 국소 혈류가 심하게 감소된 경우에 한해서 → 유리지방산과 유산 축
  적 → 국 소 pH저하 → 지방분해

🦴 당대사

지방 세포로의 당 수송은 에너지를 필요로 하는 촉진적 확산과정으로
일어나며 인슐린에 의해 조절된다. 인슐린은 세포내에 있는 당수송체를
신속하게 세포표면으로 이전시켜 포도당의 세포내 이동을 촉진한다.

당 수송 과정에서 인슐린이 가장 중요한 조절요인이나 이것만이 유일한
조절인자는 아니다.

• 세포내 cAMP 혹은 cAMP를 증가시키는 카테콜아민과 다른 호르몬
  - 당수송체를 직접 억제하거나 인슐린의 길항작용으로 당 수송을 조
    절한다.

• 아데노신 : cAMP를 감소시키며, 인슐린과 같은 작용으로 당 수송을
  촉진

• 코르티솔 : 인슐린의 길항 호르몬으로 주로 당 수송을 억제하여 당대
  사에 장애

📇 살이 찌고 빠지는 5단계

살빼기에 성공하더라도 이미 지방 세포의 수가 늘어난 3단계 까지 진행
된 상태었냐면 날씬했던 옛날보나는 너 살찐 셈이다.

• 1단계 : 비만해지기 전의 건강한 단계, 지방 세포의 크기와 숫자가 정상
  → 신진대사 정상, 체중도 정상 유지

- 2단계 : 운동부족과 영양과다

  → 잉여 칼로리가 지방 세포에 저장되는 단계

  → 지방 세포는 풍선처럼 커지나 세포의 수는 아직 정상

  → 몸이 불어나고 신진대사가 나빠진다. 쉽게 피로, 컨디션 저하

- 3단계 : 지방 세포의 크기가 커질 대로 커져서 한계에 도달

  → 더 많은 칼로리를 저장하기 위해 지방 세포의 수가 늘어나는 단계

  → 더욱 비만

- 4단계 : 살을 빼기 위해 식사량을 줄이고 운동을 시작

  → 커져 있던 지방 세포의 크기가 줄어들기 시작

  → 신진대사도 컨디션도 회복되기 시작

- 5단계 : 적절한 다이어트와 운동을 계속하여 컨디션 완전 회복 크기는 날씬했을 때로 작아지나 이미 늘어 버린 세포 수는 줄지 않는다.

에너지가 소비되는 3가지 카테고리

당, 탄수화물이 전부 에너지를 만드는데 쓰이는 것은 아니다.

- 50%는 에너지 생산 , 50%는 에너지를 만드는 과정에서 열로 소모^{체온}

> 에너지 생산 = 칼로리(열생산 단위) = 에너지 소비

- 기초대사량 소비 시

  - 잠을 잘 때도 계속 에너지 소비로 체온 유지

  - 기초대사량이 높게 세팅되어 있으면 칼로리 소비가 높다.

- 운동 시 : 근육들이 소비하는 에너지양 만큼 열이 발생한다. 운동을 하는 사람은 하루 500~1,000칼로리를 더 소비하게 된다.

- 음식을 먹을 때 : 위장의 영양소들은 호르몬을 자극하여 몸에 열이 나게 한다. 특히, 단백질 음식은 이런 효과가 커서 에너지 소비를 자극한다.

비만인이 조금만 움직여도 열이 너무 많이 나서 견디기 힘든 것은 칼로리 소비가 많기 때문인가?

- 비만인의 경우는 열 생산이 많아서 체온이 상승하는 것이 아니라 지방으로 된 두꺼운 외투를 입고 있기 때문에 열을 제대로 식혀주지 못하기 때문이다.
- 즉, 체온을 식혀주는 능력이 떨어지기 때문에 조금만 움직여도 체온이 올라가는 것이다. 냉각장치가 불량인 자동차가 조금만 움직여도 쉽게 열을 받는 것과 같은 원리이다.

♀ 비만증 민간처방 치료

- 대나무 잎만 20장 정도 잘라서 물 3컵과 함께 끓인다. 그렇게 해서 우러나온 국물을 복용한다.
- 또는 솔잎 한줌을 30~40분 동안 물에 담구었다가 잘게 썰어서 절구에 찧어 체로 즙만 걸러 마신다.
- 이는 모두 비만에 효과가 있기 때문에 잠자기 전 대나무잎 즙과 솔잎즙을 함께 한달 정도 복용한다.(솔잎과 대나무 잎은 우리 몸에 있는 필요 없는 수분을 없애며, 또한 물에 흡수되어야할 지방의 흡수를 방해하므로 결국 비만을 방지하는 역할을 할 수 있다.)

평생의 숙제 다이어트

Chapter

10

비만치유와 인체

📋 생물의 특성

🦴 대사

주위 환경으로부터 물질을 얻어 체내에서 분비·합성의 에너지 과정을 거치게 한 후 생성되는 것을 체외로 보내는 것이다.

🦴 성장

대사에 의해 만들어진 물질 일부. 생물체의 구성요소로서 쓰이고 그 결과로 생물체의 부피와 면적이 커진다.

🦴 번식

자기와 똑같은 생명체를 만들어 냄으로서 개체수를 증가시키려는 성질을 가지고 있다.

🦴 적응

주위환경의 변동에 대응해서 이에 알맞게 형태 및 기능을 조정하여 대체한다.

오랜 시일을 거쳐 진화된 것도 이에 해당된다. 한 개체는 환경변화에 대해 반응을 하되 피자극성, 흥분성으로 나타난다.

🦴 유기적 체계

생물을 구성하고 있는 각 부분이 깊은 상호의존 관계를 갖고 있다.

🔲 생명체

우리 인간들은 자연 그 자체에 속하는 존재이지, 지구환경과 대립되는 존재는 아니다. 자연에 있어서 생명현상의 fields장은 생체저분자→생체고분자→오르가렐리→세포→조직→기관→개체→인간사회→생태계의 9단계로 나누어서 생각해 볼 수 있다.

생명체의 4가지 요소

물질

생명은 단순한 공간적 존재로서가 아니라 물질의 특별한 집합으로 구성된 특수한 성질을 가지고 있다고 본다.

물질계의 구조 차원에서 생각해보면 생명현상이 나타나는 단계는 고분자단백질과 핵산 일 때이다. 여기에 교묘하게 조직화된 과정을 거치게 되면 고분자 자신에는 갖고 있지 않던 보다 생물학적인 기능을 갖게 된다.

생물학적 기능은 생체 내의 온화한 조건하에서 무수한 화학반응이 보다 효율적으로 원활하게 진화한다.

에너지

외부로부터 영양원을 섭취하여 생명의 최소 단위인 세포 내에서 화학적 에너지로 바꾸어 갖가지 생명현상을 실현하는 원동력으로 이용된다.

인간이 살기 위하여 외부와의 관계에 있어서 가장 중요한 문제 중의 하나는 에너지를 얻는데 있다.

외부환경으로부터 음식물을 섭취하고 소화하여 선택적으로 흡수된 영양소는 세포 내에서 산화적으로 분해되는 과정을 통해 화학적 에너지로 변화된다. 이러한 화학적인 에너지를 이용해서 세포의 기능을 발휘시켜 장기나 기관의 운동 또는 열 생산의 활동을 하게 된다.

정보

생명의 기본은 DNA가 갖는 유전정보이다. 생체 내에서의 에너지 생산이나 대사는 여러 가지 정보에 의해서 속도가 제어되어 질서 있는 활동으로서 항상성이 유지되어 외부환경에 대하여 독립성을 유지하고 있다.

생물학이나 의학의 연구 가운데 가장 명확하고 기본적인 정보는 유전정보이다.

DNA분자는 자기 자신을 복제하지만 복제 작업은 효소의 촉매반응에 의존한다. 이 효소 단백질은 DNA분자의 정보에 따라서 합성된다. 이와 같은 정보시스템이 생명발현의 기본이다.

생체는 외부환경이나 내부 환경으로 부터의 자극정보에 대해서 언제나 목적에 부합되는 정보전달 물질을 통해서 반응하고 대사조절을 함으로써 항상성을 유지하고 있다. 생명유지를 위해서는 생체 내에 무수한 화학반응이 잘 조절되어 질서 정연하게 진행되지 않으면 안 된다.

화학반응의 조절은 궁극적으로는 효소반응의 속도를 조절하는데 있다.

생명전체의 정보는 뇌, 신경계와 내분비계에 의해서 전달된다. 이들은 최종적으로 화학반응을 조절하고 있다.

지적능력을 유기체로부터 나오게 되지만 배양된 의식은 유기체를 지배한다.

생체방어기구

생명을 유지하는데 있어서 중요한 수단으로서 생리적으로 불리한 외적에 대한 방어 반응이 있다.

외부환경 요인 중 생체에 있어서 해가되는 요인으로부터 몸을 보호하고 항상성을 유지하기 위해서는, 저분자와 화학적 이물질 혹은 독성물질을 대사하는 해독기구, 고분자 이물질, 바이러스, 세균 등을 처리하는 면역기구 및 물리적 손상, 그 외의 혈관 손상에 따른 출혈을 막는 혈액 응집기구 등이 기능을 발휘하게 된다.

🍲 해독기구

해독 기구는 생체 밖에서 들어온 이물질 및 생체 내에서 생성된 물질을 제거하는 기구이다.

생체에 있어서 유해한 작용을 나타내는 물질은 일반적으로 지용성 물질이 많다. 왜냐하면 지용성이 높을수록 장관에서 흡수가 잘되고, 세포막의 투과성이 높아지며 뇨세관에서 재흡수되기 쉬워 체내에 축적되기 때문이다.

소변으로 배설되는 이 물질은 저분자량으로서 수용성 물질에 한한다. 지용성 물질은 뇨세관에서 재흡수되기 때문에 배설되지 않는다. 해독에 관한 대사는 체외 이물질의 구조를 변화시켜 불활성화하는 반응과 활성화해서 역으로 독성을 증가시키는 반응이 있다. 이처럼 약물대사 반응의 결과, 독성이 오히려 증가되는 경우가 있기 때문에 해독이라고 하는 말은 적당치 않겠지만 활성화된 물질은 더욱 대사가 진행되어 불활성 물질이 되어 최종적으로는 체외로 배설된다.

외부에서 들어온 독성물질이나 체내에서 생산된 유해물질을 해독시키는 기능의 80-90%는 간에서 일어나고 신장, 폐 등에서도 약간 일어난다.

면역 Immunity

면역이란 생체가 자신과 이물질을 식별해서 이물질을 배제하기 위해 일으키는 체액성, 세포성 반응이라고 정의한다. 이물질로서 인식된 물질을 항원이라고 한다. 항원에 대해서 세포는 특이적인 응답을 통해 항원을 기억 및 항체를 생산한다.

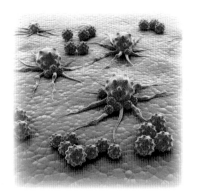

항체를 생산하는 반응을 체액성 면역이라고 하며, 항원 항체 반응에 의해서 항원을 제거한다. 또한, 항체를 생산하지 않고 세포가 직접 항원과 반응하는 기구가 있는데 이를 세포성 면역이라고 한다. 이러한 일련의 반응을 면역 응답이라고 하며 반응에 관계하는 세포를 면역 세포라 한다.

혈액응고 Blood Clootin

외적 혹은 내적으로 혈관이 장애를 받아 혈액이 흘러나오게 되면 이를 막기 위한 방어기구가 구축된다.

- **제1단계** : 장애를 받는 자극에 의한 혈관의 수축, 혈소판 콜라겐collagen 섬유의 부착, 혈소판으로부터의 방출이 연속해서 순환적으로 일어나 모세혈관으로부터 혈관을 막을 수가 있다.
- **제2단계** : 주된 화학반응에 의한 혈액의 응고에 의해서보다 확실한 지혈이 일어난다.
- **제3단계** : 손상부위의 수복도 함께 일어나 선용계가 활성화되어 혈액 응집과의 용해가 일어난다.

인체의 기본단위

세포 cell

세포는 생명체의 구조적, 기능적 단위이다. 성인의 경우 인체를 구성하고 있는 세포 수는 약 60~100조兆개가 된다고 알려져 있다. 이렇게 많은 세포들은 특정한 환경 속에서 일정한 생리현상을 영위하기 위해 외부환경변화에 세포를 반영한다. 이로써 세포들간의 역할이 유기적이고 합리적으로 이루어지며 인체의 건강 상태를 유지하게 된다.

세포의 모양

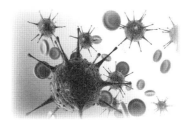

세포는 종류가 수 없이 많으며 구형, 원통형, 입방형 등 각각 일에 따라 모양이 다르나 대개는 장방향이다.

세포의 크기

세포의 크기를 보면 작은 림프구lymphocyte는 직경이 6㎛ 정도 큰 것은 직경 100㎛ 이상이나 되며 가장 작은 세포는 정자spermatozoa로서 꼬리를 제외하면 2~3㎛ 정도이고 난자ovum는 200㎛ 정도나 된다.

세포의 수명

- 체내의 세포는 체온 37℃에서 잘 자라며 0℃에서 죽는다. 그러나 바이러스균은 죽지 않는다.시베리아에서도 독감이 성행하는 것을 보면 50℃에서도 죽지 않음을 알 수 있다.
- 세포 내의 온도와 밖의 온도가 같을 때등장용액 = 삼투압용액

- 세포는 잘 자라며 세포부활에 도움을 준다.

- 식염수 - 소금물0.9%, 포도당5%, 붕산수2%

• 세포는 꾸준히 세포분열을 한다

- 실속의 세포는 다시 분해되어 용액으로 변해 새 세포의 영양이 된다.

그러나 사람 몸의 세포는 세균처럼 빨리 세포분열을 하지는 않는다.

例 뇌는 평생 동안 거의하지 않는다.
혈관 : 평생에 3번 분열한다.
암세포 : 90일에 한 번씩 분열한다.

🏹 조혈조직 - 림프

순환기 계통은 물질의 흡수와 운반을 담당하는 체내 유일의 운송계통이다. 즉, 소화기 및 호흡기에서 영양분이나 산소를 흡수하여 이들 세포들에게 전달하고 반대로 세포들로부터 대사산물인 노폐 물질과 이산화탄소를 거두어서 이를 각각 신장과 폐로 운반하여 몸 밖으로 내보내도록 한다. 그 외에 내분비계통에서 형성되는 호르몬을 거두어 이를 필요로 하는 곳에 전달하기도 한다. 따라서 순환기계통은 직접 또는 간접으로 체내의 모든 기능에 관여하고 있다.

순환계는 두 개의 맥관계통, 즉 혈관계와 임파계로 되어 있다. 혈관계는 혈액과 이것이 들어있는 심장 및 혈관을 통틀어 일컬으며, 임파를 거두어 정맥에 연결시킴으로써 결국은 혈관계와 합류되나, 혈관계의 심장이나 동맥에 해당되는 구조물이 없으며 임파와 이를 담고 있는 임파관, 그리고 비장, 임파절, 편도 등의 기관들도 구성된다.

🏹 혈액

혈액은 조직액 및 세포내액과 함께 체내의 3대 체액의 하나이며 심장의 펌프 역할에 의하여 폐쇄된 혈관 속을 순환하고 있다. 총 혈액량은 개인마다 차이가 있으나, 성인은 5~6ℓ이고 용적은 개체가 보유하고 있는 지방의 양에 따라 다르나 대략 체중의 8%이며, 그중 고형성분인 혈구가 약 45%남자 47± 5, 여자 48± 5이고 나머지는 액체 성분인 혈장이 차지한다.

혈구 blood cell

- 적혈구 red blood cell
- 백혈구 white
- 혈소판 platelet

림프계 Lymphatic

림프계는 조직으로부터 액체성분을 모아 정맥을 통해 심장으로 돌려보내는 역할을 할 뿐, 혈관계에서의 동맥이나, 심장에 해당되는 부분은 없고 조직 속에서 맹관 blind end 으로 시작한 일방적인 통로뿐이다.

림프계는 림프와 이를 담고 있는 림프관 외에 림프관의 경로 중간 중간에 위치한 수많은 림프절 그리고 비장, 편도선 및 흉선으로 구성된다.

림프는 조직액을 거두어들인 것인 만큼 혈장과 아주 비슷하나 단지 혈장보다 단백질 농도가 낮으며 고형성분으로는 림프구를 주로 한 백혈구가 거의 전부를 차지한다는 점이 혈액과 차이이다.

보통 맑은 액이지만 소장에서 거두어진 림프는 지방을 많이 함유하고 있어 우유 빛을 나타내며 이를 유미 chyle 라고 한다.

림프의 구조

- **림프** : 림프관을 흐르는 체액 조직액 은 혈장의 구성 성분과 비슷하나 단백질의 함량이 혈장보다 낮다. 조직액→세포와 세포사이를 메우고 있는 세포의 액

• 림프관 : 맹관의 형태로 시작. 모세 림프관은 신체 각 부위에 퍼져있다.

> 모세 림프관→림프관간→우림림프관→우쇄골하정맥 흉관(좌림프관) 좌쇄골하정맥

• 구조 : 정맥보다 벽이 얇고 정맥보다 많은 반월판을 가지고 있다. 곳곳
에 림프절이 있다.

• 기능 : 세포간질 내의 물, 단백질, 기타 물질들을 혈액으로 되돌려 보
낸다.

> (60%→림프관, 40%→혈관)

림프의 기능

• 모세관에서 빠져나온 중요 물질을 혈관으로 되돌려 보내는 일

• 특성물질, 악성물질을 림프절로 보내는 일

• 소화된 지방을 소장에서 흡수하는 일

림프절의 기능

• 림프절은 염증, 악성장애의 산물을 거르고 격리시킨다.

• 림프절은 림프구를 형성하여 혈액 내로 방출시킨다.

• 면역항체를 만든다.

> 🔍 **세균성 염증**
>
> ‧ 비 세균성 염증으로 생긴 유해산물을 제거한다.
> ‧ 유해산물이 일반 순환에 못 들어가게 걸러준다.(살균, 포식 작용)

암의 전이는 림프계를 통해 림프절 팽대로 이웃 조직을 압박, 감염된
림프절은 촉각이나, 압각에 예민하여 붓고 통증이 있다. 박테리아가 너무

많으면 주위 임파절을 침범하여 농양을 형성한다.

림프의 흐름

외부의 요소가 많이 작용한다. 새로 형성되는 림프가 먼저의 림프를 밀어낸다. 동맥의 맥박이 림프관을 마사지한다. 골격근의 림프관은 장의 마사지 연동운동으로 유미를 림프관을 통해 밀어내, 호흡에 의한 흉관 내의 압력의 변화 등의 흐름을 촉진한다.

⑩ 림프로 흐르는 속도가 빨라질 때

- 열, 독소, 산소 결핍에 의한 모세혈관의 투과성의 증가.
- 모세혈관 내이 압력이 증가한다. 혈액이 모세혈관에서 조직사이로 빠져 나간다.
- 혈관확장시 모세혈관 내 액체 이동 증가→혈액이 조직 내로 이동한다.
- 근육작용→림프관 마사지→림프의 이동을 자극
- 림프드레이니지Lymphdrainge : 조직액을 림프관으로 돌려보낸다. 림프의 순환을 10~20배 빨라지게 한다.

🔲 비만과 관계가 되는 내분비계endocrine system

몸의 항상성homeostasis을 유지하고 성장과 생식 기능을 수행하기 위한 목적으로 존재. 내분비샘은 대부분 독립되어 위치, 형태적으로 서로 연결되지 않으나 기능적으로 연관성이 있다.

> **♀ 내분비선의 종류**
> · 뇌하수체(pituitary gland), 부신(adrenal gland), 갑상선(thyroid gland)
> · 부갑상선(parathyroid gland), 췌장(pancreas), 고환(testis) 또는 난소(ovary)

🔥 뇌하수체 Hypophysis or Pituitary Gland

접형골 sphenoid bone 의 한 가운데에 있는 뇌하수체오목 hypophyseal fossa 에 놓여 있다.

⑩ 전엽 anterior lobe, 후엽 posterior lobe

🔥 선하수체 Adenohypophysis

세망섬유 reticular fibers 가 이루는 기본틀 속에 세포와 그 사이를 채우고 있는 동굴모세혈관 sinusoidal capillaries 으로 구성된다. 다른 내분비 기관들의 기능을 조절한다.

🦫 성장 호르몬 growth hormone, GH; somatotrophic hormone, STH

• 인체 조직의 성장을 조절, 골단판 부위에서 뼈의 형성과 골화를 촉진
• 단백질, 지방, 탄수화물, 칼슘의 대사에 영향
• 과잉 분비 : 거인증 gigantism, 말단비대증 acromegaly
• 분비 부족 : 주유증 난장이, dwarfism

🦫 갑상선자극 호르몬 thyrotrophic hormone, TH; thyroid stimulating hormone, TSH

• 갑상선을 자극하여 thyroxin의 분비를 촉진

🍮 부신피질자극 호르몬adenocorticotrophic hormone, ACTH

부신피질의 성장 및 분비 기능을 조절, 부신피질 호르몬의 분비를 촉진

🍮 난포자극 호르몬follicle stimulating hormone, FSH

- 여성의 경우 난소의 난포 성숙을 촉진, estrogen의 분비를 촉진한다. LH와 협동하여 작용, 난포의 완숙단계와 배란은 LH가 담당한다.
- 남성의 경우 고환의 정자 형성을 촉진한다.

🍮 황체형성 호르몬luteinizing hormone, LH

- 간질세포자극 호르몬interstitial cell stimulating hormone, ICSH
  - FSH의 작용이 반드시 선행되어야 하고 단독으로 작용하지 않는다.
  - 여성의 성숙 난포에서 난자ovum을 배출시킨다.배란
  - 난포를 황체corpus leteum로 변화, 황체 호르몬인 progesteron 분비 자극
  - 남성의 고환 간질세포를 자극하여 testosteron을 분비한다.

🍮 유선형성 호르몬lactogenic hormone, prolactin

- 황체자극 호르몬luteotrophic hormone, LTH
  - 임신 중 난소 호르몬의 작용으로 유선 자극으로 milk를 만들어 분비 촉진한다.

    🍮 FSH, LH, prolactin은 생식선자극 호르몬gonadotrophic hormone.

🍮 신경하수체Neurohypophysis

🍮 신경 분비물neurosecretions

시상하부hypothalamus의 신경세포체perikaryon에서 만들어진 호르몬이 운

반되어 온 것이다.

후엽으로 운반된 후 신경분비물축적소체로 저장되었다가 모세혈관 속으로 방출된다.

🍵 신경부분후엽의 호르몬 분비한다.

두 가지 펩티드 호르몬을 분비한다.

- 옥시토신oxytocin : 젖샘 및 자궁 근육 수축, 수유기에 유선에서 milk를 방출
- 바소프레신vasopressin : 소동맥을 수축하여 혈압을 상승시키며 신장의 요세관에서 수분을 재흡수. 항이뇨 호르몬antidiuretic hormone, ADH이라고도 한다.

🍲 갑상선 Thyroid Gland

🍵 형태

목 기관 앞에 있는 나비 모양의 내분비샘. 좌우 두엽left, right lobe이 좁은 부isthmus에 의해 연결됨. 혈관 분포가 매우 좋은 기관. 몸의 대사와 관계가 깊다. 무게 약 20~30g성인, 결합조직 막에 둘러 쌓여있다.

- 갑상선 자극 호르몬THYROID STIMULATION HORMONE TSH
  - 갑상선은 후두아래에 있는 나비모양의 내분선으로 티록신과 티로글로부린THYROGLOVLLINE인 교질용액이 채워져 있어 이물질에서 소량의 티록신이 계속적으로 유리된다.
- 티록신의 작용 : 티록신THYRO SINE + 요오드IJODNE원자의 결합
  - 대사출ME TABO LIC RATE이 높은 근육, 간장, 신장 등의 조직에서 산소 소비량을 증가시키고 체열을 많이 발생시켜 전신의 활동을 항진시

킨다.

- 또한, 그 작용이 성장, 성숙, 적응 등과 같은 긴 시간을 요하는 과정에 관계하기 때문에 반응이 늦게 나타나고, 갑상선 호르몬 분비에 이상이 온다. 하더라도 치명적이 되는 예는 없다.

기능

열 생산 작용산소 소모율 및 열 생산증가. 당질, 단백질, 지방대사에 미치는 영향을 준다.

• 당질대사 → 소화관으로부터 글루코오즈glucose흡수율을 증가시키며 세포 내에서의 글루코오즈glucose이용도 증가시킨다.

• 단백질 → 단백질의 아나볼리즘anabolism과 카타볼리즘Catabolism을 함께 증가시킨다.

- 세포구성에 필요한 단백질합성에 관계하므로 신체의 발달과 성장에 필수적이다.

• 지방대사 → 혈액 내에 이 호르몬이 증가하면 혈액과 간조직 등에서의 콜레스테롤양지방이 감소하며, 갑상선 호르몬이 부족하면 지방량이 증대한다. 갑상선 기능부전증 환자에게 동맥경화증이 나타난다.

성장 및 신체발달에 미치는 영향

• 정상적인 성장과 골격근의 성숙에 필수적이다. 발육기 어린이→이 호르몬이 부족 시, 골격 및 기타 조직의 성장이 억제되어 왜소증dwarfism이 된다.

과부족 시 증상

• 갑상선 기능저하 시 : 정신적으로 퍽 둔하고 행동은 느려지면서 수면시

간도 길어진다. 심장 박동은 느리고 피부가 건조되며 피부의 온도는 내려가고 전신적으로 부는 점액수종MYXEDEMA이 나타난다.

- **갑상선 기능 항진 시** : 전신대사율이 올라가서 전신 활동이 활발해지기 때문에 혈액순환 속도가 증가할 뿐만 아니라 심장근육의 수축력은 강화되어 수축기의 혈압이 올라간다. 신경계는 흥분성이 증가하여 자극에 대해 예민해지고 불안정한 감정 상태를 보인다. 소화기계는 소화관의 운동이 촉진되어 식욕은 왕성하여 식사는 많이 해도 체중은 감소하게 된다. 이와같은 증상을 갑상선 기능 항진증안구돌출성 갑상선종이라 한다.

구조

- **구형의 소포**follicle : 단층의 입방상피로 둘러싸인 주머니sac 모양 속에 점성도 높은 colloid분비물의 저장 형태가 들어 있다.

부갑상선 Parathyroid Gland

위치, 형태

- 갑상샘의 겉 주머니capsule 뒷면에 붙어 있다.
- 녹두알 크기, 황갈색, 위 아래로 2~3쌍이 있다.

세포 종류

- **주세포**chief cells, principal cells
  - 작은직경이 약 4-8 μm **다각형**polygonal의 세포 무리
  - 부갑상샘 호르몬parathyroid hormone, PTH을 분비함
- **호산성세포**oxyphil cells

🫖 부갑상샘 호르몬의 기능

• 혈중 Ca++ 농도 유지 기능이 있음

• 부갑상선 위축이나 제거시 hypoparathyroidism

• 부갑상선 종양 등에 의한 부갑상선항진증 hyperparathyroidism

🫖 성선 자극 호르몬 SEXUAL STIMULATING HORMONE SSH

• 뇌하수체의 지배를 많이 받는다.

• **사춘기 되기 전에 뇌하수체의 기능 억제 시** : 성선은 전혀 발육하지 못하고 소아기의 모습을 지니고 정자 및 난자도 형성하지 못한다.

• **성인이 된 후 뇌하수체 제거시** 남자 : 고환이 정상의 1/10 크기로 위축되며 정자 형성, 남성 호르몬 생산도 멎는다.

• **성인이 된 후 뇌하수체 제거시** 여자 : 난포가 형성되지 않고 난자의 성숙 및 여성 호르몬의 생산도 멎게 되어 월경주기가 없어진다. 임신초기에 뇌하수체 제거하면 유산된다.

남성 호르몬 안드로겐, 테스토스테론

• 남성의 이차성징의 발달을 맡고 있는 호르몬으로서 남자다운 특징을 나타내는 호르몬이다.

• 피지선의 발육을 촉진하여 피지의 분비량이 증가하므로 여드름, 지성 피부의 원인이 된다.

• 각질의 증식을 촉진하여 피부표면을 두껍게 한다.

• 체내의 단백질을 합성하는 작용이 있어 근육질의 체형을 만든다.

• 두발의 발육을 억제하여 대머리를 만드는 한편 음모, 액모의 발육을 촉진한다.

난포자극 호르몬 에스트로겐, 프로게스테론

- 난소를 발육시키고 성숙시키는 호르몬이다.
- 여성의 이차성징의 발달을 맡고 있는 호르몬으로서 여성의 난소에서 주로 분비되므로 난소 호르몬이라 한다.
- 뇌하수체에서 나오는 성선자극 호르몬에 의해 분비가 촉진된다.
- 여성 호르몬은 Estrogen과 Progesterone이 있는 Estrogen은 피부를 아름답게 작용을 하는데 비해 황체 호르몬은 월경주기에 대하여 자궁에 어떤 변화를 일으키게 하는 작용을 한다.
- 여성의 심신의 발육을 촉진시켜 신진대사를 촉진시켜 혈행. 혈색을 좋게하여 여성의 미를 증진시킨다.
- 두발의 발육을 좋게 하여 남성 호르몬의 분비를 억제하여 피지 분비를 감소 시키고 매끄럽고 유연한 살결을 만든다.
- 부신피질 호르몬의 작용을 억제한다.

⏱ 성 호르몬

구분	단계 및 내용
남	1차 : testosterone(고환에서 분비되는 hormone) 2차 : Androgen ① 사춘기때 생기는 호르몬으로 남성스러움을 나타냄 ② 단백질을 합성하여 근육을 만들어준다. ③ 피지분비, 모낭을 발달시킨다. ④ 피부결을 거칠게, 검게(각질증식)현상이 일어남 ⑤ 혈압을 상승시킨다. ⑥ 체모의 발육 촉진 ⑦ 정자를 만든다.
여	1차 : Estrogen(난포=여포) ① 피하지방축적 ② 피지분비억제 ③ 피부결을 곱게, 흰색을 피부가 고와진다. ④ 혈압을 저하시킨다. ⑤ 앞머리의 발육촉진 ⑥난자를 성숙시킨다. 2차 : Progesterone ① 증식기~배란기 : 난포자극 호르몬이 분비되어 난소에 작용하여 난포 호르몬이 분비되므로 난포가 성숙, 자궁내막의 증식, 발정이 일어난다. ② 분비기~월경기 ③ 임신중 ④ 출산

🔧 부신 Adrenal Gland

부신은 좌우 콩팥kidney의 위 끝에 있는 납작한 세모 고깔 모양의 기관이고, 기원이 다른 두 부분으로 구성되며 피질이 전체의 90% 가량된다.

🔧 피질cortex

코르타이드Corticoids 분비

- 미네랄로코르티코이드mineralocorticoids, 사구대서 분비 - 알도스테론aldosterone
  → 물과 전해질의 균형 조절
- 글루코코르티코이드glucocorticoids, 속상대서 분비 - 코르티졸cortisol
  → 탄수화물 대사 조절
- 고나도코르티코이드gonadocorticoids, 망상대서 분비 - 안드로겐androgen, testos-terone

이들은 모두 뇌하수체 전엽에서 분비되는 ACTH의 조절을 받는다.
- **기능 항진 시**Cushing's disease: 비만증, 혈압상승, 안면부종 등 현상이 나타난다.
- **기능 상실 시**Addison's disease: 신장의 염분 재흡수 실패로 수분 손실 및 혈장 감소 초래, 소화관의 이상, 혈압저하 등 유발한다.

안드로겐androgen의 과잉 분비시adrenogenital syndrome
- 환자의 나이와 성에 따라 남성화 되는 증상이 나타난다.

🔧 수질

- 에피네프린Epinephrine-밝은 수질세포서 분비

- 노르에피네프린Norepinephrine-어두운 수질세포서 분비
- 심장에서의 혈액방출을 증가시키며 혈관수축 조절로 정상혈압 유지한다.
- 간에서 저장된 글리코겐glycogen에 대한 탄수화물 대사에 도움을 준다.
- 근육에서 glycogen을 lactic acid로 변화시켜주는 기능을 가지고, 교감신경의 자극에 의헤 방출된다.

해부학적 구분	호르몬	작용
피질 호르몬	글루코르티피코이드 (Glucocorticoids)	· 지방, 단백질 및 탄수화물 대사 · 간포도당 신생증진 · 스트레스에 대한 저항
	미네랄로코르티피코이드 (Mineralocorticoids)	· 신장 기능 · 체액과 전해질 수지조절
	성 호르몬 (Sex hormones)	· 성 특징에 영향
수질 호르몬	에피네프린 (Epinephrine)	· 골격근에 영향 · 스트레스에 대한 가장 빠른 생체 반응이다. · 심장 및 혈관에 영향 · 탄수화물 및 지방대사
	노르에피네프린 (Norepinephrine)	· 혈관축소

췌장Pancreas

- 선포acinus와 구분되는 랑거한스 섬islets of Langerhans
- 세 종류의 세포로 구성
  - α 세포alpha cell: 글루카곤glucagon 분비
  - β 세포beta cell: 인슐린insulin 분비, 탄수하물 대사에 관여한다.
  - δ 세포delta cell: somatostatin 분비뇌하수체 전엽의 일부 호르몬, insulin, glucagon 등의 분비를 억제하는 호르몬

인슐린insulin

- 음식물 섭취 → 탄수화물 분해 → 당 생산 → 장흡수 → 혈당 증가 →
특정 세포에 도달 → insulin에 의해 당을 세포 내로 섭취하도록 조절

  예 혈당을 분해하는데 조력하여 혈당량을 낮추는 것

당뇨병diabetes mellitus

- 인슐린 분비 부족으로 혈당량의 증가로 요당urine sugar을 배출한다.
- 인슐린의 분비 과도 시 혈당량은 떨어지고 심하면 혼수상태coma에 빠진다.

글루카곤glucagon

- **기능** : 간에 작용하여 저장된 glycogen을 분해하여 당을 혈중에 방출한다.
- 저혈당증hyperglycemia으로 혈당량이 낮아지면 glucagon이 혈중에 많이 출현한다.

  예 인슐린과 글루카곤은 서로 반대 역할을 수행하여 혈당량을 적절히 조절한다.

내분비계에 속하는 기관 및 도포

호르몬 일람표

내분비선	호르몬	작용
뇌하수체	1. 성장 호르몬 (G. H) 2. 자궁수축 호르몬 (옥시토신) 3. 항이뇨 호르몬 (A. D. H), (바소프레신) 4. 갑상선자극 호르몬 (TSH) 5. 부신피질자극 호르몬 (ACTH) 6. 성선자극 호르몬 (GTH) 7. 색소모세포자극 호르몬 (M. S. H) - 중엽	· 발육촉진 · 자궁근수축 (생상), 유즙분비 · 노량역제, 혈압상승 · 갑상선 호르몬 분비촉진 · 부신피질당질 호르몬 분비촉진 · 난소, 정소 호르몬 분비조절 · 멜라닌 색소의 증식
갑상선 부갑상선 (상피소체)	1. 갑상선 호르몬 (티록신), (I)	· 조직대사촉진
	1. 상피소체 호르몬 (파라톨몬)	· 혈중칼슘, 인조절
췌장	1. 인슐린 2. 글루카곤	· 당질소비촉진, 혈당저하 · 혈당상승
부신피질	1. 당질 호르몬 (글루코 코르티코이드) 2. 광질 호르몬 (미네랄코르티코이드) 3. 성 호르몬	· 당질대사조절 · 광질(나트륨, 크로칼륨) 대사조절 · 남성, 여성 호르몬 작용
난소(여)	1. 여성(난포) 호르몬 (에스트로겐) 2. 황체 호르몬 (프로게스테론)	· 1차, 2차 성장촉진
정소(남)	1. 남성 호르몬 (안드로겐)	· 1차, 2차 성장촉진
송과체	1. 송과체 호르몬 (메라토닌, 갈보린)	· 정소 및 난소의 발육억제
흉선	1. 흉선 호르몬	· 임파구생성조절(유아기에만) · 뼈의 성장촉진 · 정소 및 난소의 발육억제

🔲 기관과 기관계

🦴 기관Organ

다수의 세포 또는 조직이 모여서 기관을 구성하며 특정한 기능을 수행 할 수 있도로 조합된 2개 이상의 조직을 포함하는 구조물이다. 일련의 기관이 협동해서 통일된 기능계를 구성하고 있는 경우를 기관계ORGAN SYSTEM라 한다.

🦴 기관계

서로 관련된 기관을 갖고 기관들이 모여서 신체의 큰 단위로서 활동할 때 이를 기관계라 한다.

⏱ 기관계 및 기관 및 조직

기관계	작용	주요기관
소화계	음식물 소화와 흡수	구강, 식도, 위, 소장, 대장, 간, 이자
호흡계	가스 교환과 에너지 발생	허파, 숨관
순환계	체액 교환에 의한 양분, 산소, 노폐물 운반	심장, 혈관, 림프관
비뇨계	노폐물 배출	신장, 수뇨관, 방광
내분비계	호르몬 분비	뇌하수체, 갑상선, 부신, 생식선
신경계	자극의 전달과 조절	뇌, 척추, 말초신경, 교감, 부교감
골격계	몸의 보호와 지지	피부 골격
근육계	운동	근육, 골격
생식계	수정과 발생	정소, 난소, 수정관, 자궁

신경계 Nervous System

많은 기관들의 복잡한 기능을 전체적으로 통합 조절하는 또 다른 통제 기관 이다.

중추신경계 central nervous system, CNS

- 뇌 brain + 척수 spinal cord
- 중추신경계통의 보호
  - 머리뼈 skull 와 척주 vertebral column
  - 뇌척수막 meninges, 뇌척수액 cerebrospinal fluid, CSF
- 구성
  - 회색질 gray matter : 신경세포체와 민말이집신경섬유
  - 백색질 white matter : 신경섬유 nerve fiber 위주
    - 예 백색질 : 말이집의 지방성분이 반사되어 흰빛을 띰

뇌 brain

- 머리뼈 속에 들어있는 중추신경계통의 부분
- 무게 : 약 1,400g 성인
- 특징 : 중추신경세포는 태생기에 분화 발육되어 생후에 분열하지 않음. 손 상시 재생되지 않는다.

대뇌 cerebrum

- 뇌 중에서 가장 큰 부분, 전체 뇌 무게의 약 7/8가량 차지한다.
- 좌우대칭인 두 개의 반구로 구성, 표면에는 많은 주름이 잡혀있다.
  - 대뇌반구의 표면적을 증가시키는 역할을 수행한다.

- **회색질**gray matter : 표면의 회색 빛 부위, 피질cortex, 신경세포 발달
- **백색질**white matter : 안쪽의 흰빛을 띤 부위, 속질medulla

대뇌피질

- **대뇌반구**cerebral hemisphere : 전체적으로 난원형인 대뇌의 좌우를 두 개의 반구로 나뉜 것, 실제 1/4구임
- **대뇌피질**cerebral cortex : 형태적인 면에서의 분류
  - 이마엽전두엽 frontal lobe
  - 마루엽두정엽 parietal lobe
  - 관자엽측두엽 temporal lobe
  - 뒤통수엽후두엽 occipital lobe

대뇌수질cerebral medulla

신경세포가 집단을 이루고 있는 곳이기도 하지만, 대부분 신경섬유들로 이루어져 있다.

- **투사섬유**projection fiber : 대뇌피질의 어떤 중추와 아래쪽의 뇌간 또는 척수의 신경세포 사이를 잇는 섬유이다.
- **교련섬유**commissural fiber : 한쪽 대뇌반구의 어느 피질 중추와 반대쪽 대뇌반구의 같은 곳에 해당되는 피질 중추 사이를 잇는 섬유이다.
- **연합섬유**association fiber : 한 대뇌반구 속에서 두 지점을 잇는 섬유. 대뇌피질의 약 3/4을 차지한다.
- **기능** : 과거에 경험했던 어느 정보와 현재의 것을 비교하여 인식, 각종 정보들의 교환, 반복, 합성 등의 복잡한 기능을 수행한다.

간뇌diencephalon

- 대뇌에서 이어지는 나머지 앞뇌 부분이다.

시상thalamus

- 회색질로 구성된 부분, 후각을 제외한 모든 감각 자극을 중계하는 곳
- 감각자극을 통합하기도 함, 동통pain, 온도의 변화같은 자극을 인식
- 운동신경과 연관으로 대뇌피질에서 오는 운동자극을 촉진 또는 억제시킴
- 과체pineal body : 시상의 뒤끝에 있는 기관
  - 광선에 의해 발현되는 주기적 신경에너지를 내분비 정보로 전환시켜준다.
  - 예 '생물학적 시계'

시상하부hypothalamus

- 시상 바로 밑에 이어지는 부분이다.
- 행동과 감정표현에 따르는 말초 자율신경계통의 조정 역할을 한다.
- 기능 : 온도조절, 신장에서의 수분조절, 뇌하수체 분비조절 등의 기능을 한다.

중뇌midbrain

- 운동신경의 조정 장소

소뇌cerebellum

- 역할 : 통합조정으로 대뇌 운동중추를 도움. 대뇌의 운동 및 지각영역과 연관, 전정기관과 연결되어 평형을 유지시킨다.

교뇌pons

- 위치 : 다리와 같은 구조로 중뇌와 연수 사이에서 소뇌의 앞에 위치한다.
- 연수에서 상위의 피질층으로 가는 여러 섬유의 연락 장소이다.
- 구성 : 거의 전부 백색질로 구성, 일부 중요한 뇌 신경의 핵들을 가진다.

연수medulla oblongata

- 위치 : 위로는 교뇌와 연속되고 아래로는 척수에 이어지는 뇌의 마지막 부분
- 앞면과 옆면에는 많은 고랑sulcus들이 위아래로 뻗쳐 있고 그대로 척수로 연속된다.

뇌척수막meninges

- 뇌수막, 척수막
- 밖부터 경질막dura mater, 거미막arachnoid, 연질막pia mater으로 구성

뇌수막meninges of brain

경질막

- 뇌수막 중 가장 바깥쪽에 있는 막, 매우 질기고 단단한 성질이 있다.

거미막

- 경질막과 연질막 사이 부드러운 결합조직, gauze와 같은 모양의 막
- 거미막 밑공간subarachnoid space : 연질막과의 사이에 넓은 공간
  - 뇌척수액이 차있고 뇌로 출입하는 모든 혈관의 통로이다.

연질막

- 뇌막 중 가장 얇은 부분
- 성긴결합조직 속에 가는 혈관들이 망상으로 퍼져있다.

척수막meninges of spinal cord – 역할

지방층과 혈관들의 가지로 가득차 완충 역할을 한다.

척수spinal cord

척주관vertebral canal 속에 위치하는 긴 원주모양의 부분이다.

- 전체 길이 성인, 약 40~45cm.
- 위로는 뇌의 연수에 연속, 아래로는 제 1~2 허리뼈 높이

척수신경

31쌍의 척수신경이 나온다.

- 목분절cervical segment : 8쌍C1-C8
- 가슴분절thoracic segment : 12쌍T1-T12
- 허리분절lumbar segment : 5쌍L1-L5
- 엉치분절sacral segment : 5쌍S1-S5
- 꼬리분절coccygeal segment : 1쌍

자율신경계Autonomic Nervous System, ANS

정의

- 의식에 관계없이 불수의적으로 작용하는 신경, 내장계통을 지배하는 신경

🔬 구성

- 중추와 말초부분으로 나뉜다.
- **중추** : 뇌와 척수에 위치하는 신경세포
- **말초** : 내장근, 심장근 또는 분비샘 등에
  분포하는 신경섬유

🔬 구분

중추가 되는 세포의 위치에 따른 구분

- **교감신경계**sympathetic nervous system : 척수의 가슴부위와 허리부위에서
  시작
- **부교감신경계**parasympathetic nervous system : 뇌와 척수 엉치부위에서 시작

기관	교감신경	부교감신경
동공	확장	수축
눈물샘	분비촉진	분비억제
침샘	분비억제	분비촉진
기름샘	분비촉진	분비억제
털세움근	수축	이완
소화기분비샘	분비억제	분비촉진
소화기운동	억제	촉진
심장박동	촉진	억제
기관지	확장	수축
방광	이완	수축
괄약근	수축	이완
혈관	수축	확장

말초신경계 | Peripheral Nervous System, PNS

교감, 부교감 신경의 기능

기관	교 감	부 교 감
심 장	박동수 증가 수축력 강화	감 소 약 화
골 격 근	수 축	없 음
피 부	이 완	없 음
동 공	확 대	축 소
누 선	없 음	분 비
타 액 선	소량분비	대량분비
한 선	분 비	없 음
소화관수축	감 소	증 가
분 비	감 소	증 가
음 경	사 정	발 기
기 모 근	수 축	이 완
혈 압	상 승	하 강
식 욕	쇠 약	활 발

◎ 내장은 교감, 부교감의 2중 지배 요함

피부는 직접적인 영향을 받고 간접적으로 호르몬의 영향을 받는다.

· 교감신경 – 주로 동맥을 따라 분포

· 부교감신경 – 운동신경 및 지각신경과 같이 분포

· 자율신경의 구조 – 무기력이 됨

⏱ 자율신경의 기능

기 관 계	교 감 신 경	부 교 감 신 경
동공	확장	수축
타액선(침)	분비억제	분비촉진
한선(땀)	분비촉진	분비억제
입모근	수축	이완
소화기 분비선	분비억제	촉진
소화기 운동	억제	촉진
심장박동	촉진	억제
기관지	확장	수축
방광	이완	수축
혈관	수축	확장
심장	빠르다	느리다
에너지	발산	축적
에너지 대사	산화분해(이화작용)	환원합성(동화작용)
혈압	상승	하강
혈당	상승	하강
식욕	억제	촉진
성욕	억제	촉진
호흡	촉진	억제
혈액	산성화	알카리화
감각	공포와 비참의 반응	기쁨과 수치의 반응

Chapter

11

비만치유의 문제점과 부작용

🗓 다이어트 부작용의 원인

잘못된 방법이나 심한 다이어트에는 반드시 부작용이 따르기 마련이다. 가장 흔히 나타나는 부작용으로는 구토, 어지러움, 변비, 골다공증, 위장장애, 섭식장애로 심하게는 거식증, 폭식증까지 그 수를 헤아릴 수 없다.

🗓 거식증

다이어트에 대한 강박관념에 너무 사로 잡혀 생긴 식욕부진으로 먹지 못할 뿐만 아니라 소화를 시키지 못하게 되는 다이어트 부작용이다. 거식증이 장기간 계속되면 영양결핍 상태가 되고, 부종이 나타나고 저혈압, 심장마비를 일으킬 수 있다.

거식증 환자들은 대부분 극심한 다이어트로 인하여 저체중 상태에 있지만 자신들은 뚱뚱하다고 느낀다. 그리고 음식을 섭취하면 다시 체중이 늘어난다는 생각에 집착하게 되어 음식을 회피하게 된다.

체중의 증가가 심히 두려워 더 많은 운동과 음식을 적게 섭취하면 영양결핍이 되며 짜증을 많이 내고 우울증에 빠지며 신경이 매우 날카로워 진다.

사람들과 만나는 것을 회피하는 것은 물론이고 자신감을 상실한다. 이런 증상으로 볼 때 거식증은 단지 육체적인 질환뿐만 아니라 신경질환이다.

🏃 부종

부종은 몸이 붓는 현상으로 영양이 부족하여 체내의 균형이 깨져 발생한다. 부종은 몸이 부어 있는 상태인데, 그 자체가 병이라기보다는 여러 질환에 의해 발생되는 하나의 증상이다.

주기적인 부종은 흔히 여성에 나타나며 월경 전 부종이 대표적이다. 즉, 월경 전에 손, 얼굴, 몸이 붓고 체중이 증가하며 월경시작과 함께 부종이 소실되는데 이는 에스트로겐이라는 호르몬에 의한 수분 및 염분 저류 때문에 일어나는 현상이다. 그리고 배란 시 부종도 있는데 이는 배란기에만 몸이 붓고 체중이 증가하는 것이다.

🏃 무력감, 우울증

열량을 적게 섭취하면 그 만큼 에너지 소모를 적게 하기 위해서 움직이

기 싫게 만든다. 그러면 몸이 무거움
을 느끼고 짜증이 난다. 또 대부분은
다이어트를 했는데도 목표한 체중감
량에 성공하지 못하고 요요현상이 반
복되어 체중이 오히려 늘어날 때 자주
발생하며, 다이어트 경험자 대부분이 겪
는 부작용이다.

거친 피부

다이어트를 무리하게 하거나 반복적으로 살이 쪘다 빠졌다 하면 피부
에 탄력이 없어지면서 주름이 많아지고 피부에 트러블이 일어나며 노화
현상이 일어난다.

위장병

위는 일정한 시간에 위산을 분비하게 되는데 불규칙적이고 소량의 음
식물 섭취로 위장병에 걸리게 된다.

생리불순

무리한 다이어트와 잘못된 다이어트로 인하여 영양소의 결핍으로 생
리불순이 되고 후에는 불임의 가능성도 생긴다. 만약, 월경주기가 부정확
해지거나 늦춰지면 경고로 받아들여야 한다.

골다공증

다이어트를 심하게 할 경우 뼈가 약해지고 구멍이 생긴다. 한번 골다공증에 시달리게 되면 회복이 어렵기 때문에 항상 조심해야 한다. 골다공증을 흔히 조용한 도둑이라고 부른다. 왜냐하면 평소에 통증이나 아무런 증상이 없이 조용히 진행되다가 어느 날 갑자기 뼈가 부러지게 되면 그때야 비로소 골다공증이 있음을 알게 되기 때문이다.

성장부진

충분한 영양소 섭취로 성장해야 할 청소년 시절에 무리한 다이어트를 하게 되면 영양 불균형으로 성장 호르몬, 골격, 근육에 영향을 주어 성장이 늦거나 멈추게 된다. 성장시기에는 균형 있는 영양 공급이 중요하다.

비만 치유에 따른 부작용과 그 방지법

비만의 부작용은 생식기간이 끝날 때 가장 두드러지게 나타난다. 비만은 노화 과정과 노화 질병들을 하나의 끈으로 묶어주는 치명적인 역할을 하는 것이다. 그렇기 때문에 비만이 단순히 이 시대의 문제만이 아니라 영원한 인류의 문제라고 말하는 것이다. 비만은 병중의 병이다.

탈모, 빈혈, 생리이상 등으로 중도에서 다이어트 포기하는 경우

욕심을 내어 지나친 감량시 단백질을 포함한 여러 영양분이 부족으로 신체 리듬이 깨진다. 이로 인해 여러 증상 발생하고, 질병에 대한 저항력이 떨어져, 감기 몸살, 관절통, 탈모, 심한 빈혈, 월경부조 등의 증상이 나타난다. 이런 경우에는 생선, 단백질 섭취량을 적절히 늘리면서 종합 비타민, 미네랄을 섭취해야 한다.

체중감소 목표와 기간을 여유 있게 늘려 잡는 것이 중요하다.

🍂 피부 주름살

- 1개월에 7-8% 이상 체중감소로 피부의 탄력 감소와 주름이 발생한다. 특히, 40대 이후 여성은 과도한 감량으로 얼굴에 잔주름 발생하게 된다.
- 20-25% 정도 바람이 빠져도 풍선에는 주름이 생기지 않는 이치와 마찬가지니 너무 민감하게 반응할 필요는 없다.
- 과도한 감량은 일시적으로 약간의 탄력 저하와 함께 잔주름이 생길 수 있으나 피부의 수축 능력에 의해 시간이 흐르면 원상회복되며 나이가 젊을수록 빠르다.
- 냉온탕, 적절한 운동, 피부 마사지, 무엇보다도 적절목표량 설정이 중요하다.

🍂 변비

- 식사량을 평소의 1/5 까지 줄이면 변비 증상이 나타난다.
- 3일 이상 대변을 못 볼 때에는 아침 공복에 냉수나 야채 주스를 마신다.
- 5-7일 이상 완화되지 않으면 관장 실시. 매일 아침, 저녁에 야채 주스를 섭취하거나 유산균, 식이섬유를 섭취해야 한다.
- 야채주스 : 신진대사 촉진. 장점막 자극해 배설 기능 활성, 생명소 제공, 식욕감퇴 등의 효능이 있다.

변비가 있을 때마다 변비약을 복용하는 것은 매우 위험하다. 변비약이 대장을 과도하게 자극하여 장경련, 뒤틀림 등의 증상이 나타날 수 있다.

🦴 골관절 약화, 골다공증

- 1개월에 5kg 내지 7Kg 감소 시, 골관절 약화, 골다공증 등의 증상이 나타난다. 달릴 때는 3배의 제중이 발목관질과 무릎관질에 순간적으로 가해진다.
- 비만인은 관절을 상할 우려가 있다.
- 갱년기 전후의 비만자나 50대 이후의 비만자, 성장기 비만자의 뼈관절이 약화 되어서는 위험하다. cf. 비만인 : 1Kg 증가시 무릎에는 10Kg의 하중 부담 증가
- 운동요법 중 관절이 약한 사람은 처음에는 걷기 정도의 운동을 하는 것이 좋다. 그리고 수영관절에 무리를 주지 않고 더위에 상관없다 또는 실내 사이클부터 시작하여 몸이 단련 된 다음에 조깅지방을 태우는 효과가 가장 뛰어난 운동을 실시해야 한다.

비만치유의 허와 실

다이어트에 대해서는 많은 부분에 있어서 논란이 일어나고 있다. 도대체 누구의 말이 맞는지 도무지 알 수 없는 것들이 너무 많기 때문에 다이어트에 관한 전문가가 절실히 필요한 시점이기도 하다.

⬚ 하루 종일 직장일, 집안일 등 운동선수 이상으로 운동을 한다고 지방이 소비되는가?

일도 부지런히 하면 좋은 운동이나 지방을 소비시켜주는 운동으로는 불합격이다.

- 가만히 누워 하루를 보낼 때 : 1,300cal

- 직장 여성 : 1,800cal

- 하루 두 시간 운동선수 : 3,000cal

  ➲ 즉, 1시간의 운동은 8시간 사무실에서 일하는 만큼의 에너지를 소
    비 한다.

다음 조건 중 1가지만 못 갖춰도 지방을 태우는 운동으로는 실격이다.

- 운동 강도

  - 최대 맥박수의 70%

  - 30세 여성이라면 심장이 1분에 133회 뛸 정도

- 운동 횟수 : 일주일에 최소 3~4회 이상

- 일회 운동량

  - 적어도 300cal는 소비해야 한다.

  - 조금씩 자주하는 운동은 지방 연소시키는 효과가 경미하다.

- 일회 운동시간

  - 강도가 있다면 최소한 30분 이상 지속한다

  - 강도가 낮다면 최소한 40~60분 지속한다.

📍 **운동요법 중 키포인트**

· 일회 운동시간이 길수록 지방소비가 많고 따라서 그 운동이 재미있어야 한다.

- 유산소 운동이어야 한다. 격렬한 무산소_{역기, 단거리달리기}는 당만을 소비
  한다.

- 물을 충분히 마셔야 한다.

🔲 운동요법시 지방분해 과정

- 처음 막 시작했을 때 : 당만이 연료로 사용한다.
- 3분 후 : 지방을 연소시키는 유산소 세포엔진이 작동하여 당 대신 지방을 연료로 사용한다.
- 10분 후 : 근육은 소비되는 연료의 95%를 지방을 이용한다.

🔲 다리운동을 하면 다리부터 빠지는가?
다리를 날씬하게 하는 다리운동법?

선진국의 연구 결과 전혀 그렇지 않다는 결론이 나왔다. 팔의 굵기가 똑같은 사람에게 한쪽 팔만 운동을 시킨 후 팔의 둘레를 측정해 보았더니 운동한 쪽이 오히려 더 굵었다.

이유는 운동한 쪽이나 운동하지 않은 쪽의 지방의 두께는 똑같은 반면에 운동한 쪽의 근육이 약간 커져 있었다. 지방이 빠질 때는 전신의 지방이 순서에 의해 고르게 빠진다.

빠지는 양상은 유전적 체질에 따라 차이가 있으나 대체로 몸의 윗쪽부터 먼저 빠진다. 따라서 다리 운동을 열심히 해도 다리부분 지방은 맨 나중에 빠진다.

다만 몸통부분에 있는 근육들은 잘 사용하지 않으면 근육층 사이사이에 지방이 들어차기 쉽다. 이렇게 해서 근육층 사이에 들어 찬 지방은 그 근육을 운동시켜 주게 되면 줄어들 수 있다.

산후부기가 안 빠져 살이 되었다고 평생 한으로 남은 아주머니들의 호

소가 많다. 산후부종은 산후풍 등과 마찬가지로 산후조리가 소홀하거나 초기 치료가 부실한 경우 평생을 가게 되는 산후 후유증이다.

그러나 산후부종과 산후체중증가는 전혀 다르다. 즉, 산후부종은 일종의 수분저류로서 임신중독증, 신, 요로, 방광계 이상 등에 의한 것으로 산후체중증가는 태아, 산모에 대해 영양공급을 위한 식이섭취량과 그 섭취효율의 증가로 지방이 과잉 저장되기 때문이다.

이를 해결하기 위해서는 식사량의 조절, 적절한 운동, 염분섭취 제한 등이 있다.

🔲 비만인은 물만 마셔도 살이 찐다는 말

절대 그렇지 않다. 오히려 비만을 막기 위해서 물을 많이 마시는 쪽이 좋다.

물을 마시면 일시적으로 만복감, 변을 부드럽게 해줌, 음식물의 소화흡수를 어느 정도 막아주는 효과가 있다.

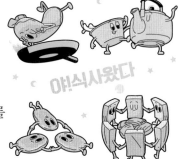

🔲 늦은 밤에 먹은 음식이 모두 살로 되는 이유

• 똑같은 양의 식사를 하더라도 아침과 저녁의 체중변화가 다르다.
• 낮_{교감신경이 흥분한 상태}에는 소화가 잘된다.

• 밤_{부교감신경이 흥분}에는 장운동이 활발해져 체내 축적 영양소의 양이 증가한다.

🔲 잠이 오지 않을 때 배가 고픈 이유

절대안정을 취해 잠을 자더라도 하루 평균 1,400칼로리 정도의 최저 에너지가 필요하다. 팔베개를 하고 자면 약 5퍼센트, 상반신을 일으켜 세운 것만으로도 약 8퍼센트나 에너지가 더 필요하다.

게다가 잠이 안 오는 밤에는 온갖 잡생각이 떠오르기 마련이며 여기에도 상당한 에너지를 소비하기 때문에 야식이 먹고 싶어진다.

🔲 중년이 되어 나오는 배의 원인

중년의 배를 나잇살이라고 한다. 운동부족과 식생활 문제라는 것은 누구나 알지만, 그렇다고 해도 유독 배가 불룩 튀어나오는 이유는 다음 두 가지이다.

첫 번째로 인생의 절반을 넘어서면 복근력이 약해진다. 복근력이 약해진 만큼 내장을 보호하는 힘도 약해져서 그것을 커버하려고 피하지방이 붙기 때문이다.

두 번째 피하지방은 잘 움직이지 않는 부분부터 붙기 시작하기 때문이다. 따라서, 복근을 쓰는 동작이나 운동을 의식적으로 하고, 과식을 피한다.

🔲 맥주를 마시면 살이 찌는가?

- 단순 칼로리 : 위스키 > 청주 > 와인 > 맥주
- 당질, 단백질 합산 : 맥주 > 청주 > 위스키 > 와인 → 별 의미가 없다. 함께 먹는 안주의 종류가 관건이다.

실제로 맥주의 칼로리는 사이다와 별 차이가 없다. 또한, 맥주의 열량은 탄산가스와 물로 분해되기 때문에 살이 찌지 않는다는 설도 있다.

다만, 맥주에는 탄산이 포함되어 있어서 적당하게 위를 자극해 식욕을 증진시킨다. 따라서 안주만 절제해 먹는다면 맥주로 인한 아랫배 비만도 없다.

🔲 담배를 많이 피우면 살이 빠지는가?

담배를 끊으면 갑자기 살이 찌게 된다고 말하는 사람들이 있는데 이런 현상은 한 조사 결과 사실로 판명되었다.

1988년 일본 후생성에서 실시한 흡연 조사에 따르면, 담배의 갯수가 많을수록 비만인 사람의 비율이 높았다고 한다. 특히 하루에 40개비 이상 피우는 남자들과 30개비 이상 피우는 여자들은 비만인 경향이 높았다. 흡연 여성은 비흡연 여성과 비교해 보면, 비만일 확률이 2배 이상 된다. 단, 피우는 담배 양이 하루에 20개비 이하이면 흡연자 쪽이 살이 빠질 확률이 더 높았다.

니코틴은 지방 연소의 에너지 대사를 촉진시켜 하루 에너지 소비를 평균 10%까지 늘려 준다. 따라서 흡연가가 금연시 8Kg까지 체중이 증가할 수 있다는 의학보고도 있다. 열대사 촉진은 조직 내 존재하는 니코틴성 아세틸콜린  수용체의 자극을 통하여 이루어지는 것으로 생각된다.

담배속의 니코틴 자체는 지방 연소를 도우나, 흡연시 들이 마시는 일산화탄소는 뇌나 근육에 산소공급을 차단하여 오히려 지방이 연소되는 것을 방해하고 근육의 운동능력을 떨어뜨린다.

흡연은 인체를 여러 가지 방법으로 괴롭히기 때문에 과다 흡연시 몸이 시달리거나 망가져서 체중이 줄어들 수는 있을 것이다. 그리고 금연하면 더 건강해져서 혈색이 좋아지고 영양상태가 호전되어 체중이 증가할 수 있다. 그렇다고 살을 빼기 위해 흡연을 한다면 건강상으로 좋지 않을 수밖에 없다.

📅 포식 습관과 비만의 상관성

위장에는 음식 섭취 후 위가 늘어났을 때 뇌의 포만중추에 음식이 충만 됐음을 알려주는 예민한 신경이 있다. 평소에 음식을 양껏 먹는 사람은 포만 인식 기능이 둔감해진다. 따라서 대식하는 버릇이 있는 이는 최대한 시간을 끌면서 신문을 보거나 느긋한 음악을 들으며 식사를 하는 것이 좋다.

이에 비해 평소에 소식을 하던 사람의 위장은 식사량에 매우 민감하여 포식을 하게 되면 배가 더부룩하고 답답해져서 매우 불쾌한 느낌을 갖는다.

약물 남용과 비만의 상관성

피임약을 복용하면, 호르몬대사 이상으로 지방의 과다 축적으로 인해 비만 증세가 나타난다. 신경 안정제 복용하는 경우에는 지나친 체중증가 시 약의 종류를 바꾸거나 양을 줄여야 한다.

류마티즘 관절, 피부병, 신경통 약스테로이드제제으로 인해 약물성 비만, 골다공증, 호르몬대사 이상이 나타난다.

단시간 체중감소의 허실

대부분 비만관리실의 치료과정물을 적게 마실 것, 염분을 삼갈 것, 블랙커피나 차를 마실 것, 사우나를 할 것과 이뇨제, 설사제의 자가 복용을 하게 하는 경우가 많다. 이는 물살이 찌면 이를 조기에 빼주어야지 그대로 놔두면 지방살로 굳어진다는 오해에서 비롯된 것이다. 그러나 몸속의 물이 소변, 대변, 땀을 통해서 일주일에 5Kg 이상 빠질 수 있어도 시간이 지나면 목이 마를 것이고 결국 원상 복귀된다.

종아리에 얼음찜질을 한 다음 종아리 둘레가 줄어들었다면 그 부분에 혈관이 수축해서 수분이 빠져 나갔기 때문이다.

Chapter

13

비만치유 프로그램

건강회복과 요요현상없는 비만치유 프로그램 구성

해독

체지방을 줄여주며, 몸의 독소를 줄여준다. 항산화제의 역할로 혈액을 맑게 한다.

소화 기능을 개선하고 장운동을 도와주며, 스트레스를 해소하고 정신적인 안정에 도움을 준다. 피로를 풀어주고 몸에 필요한 각종효소 미네랄을 공급해주고, 콜레스테롤을 억제하여 동맥경화, 성인병 예방에 도움을 준다.

장내 독소를 흡착하여 배설하고, 장내 비피더스균의 성장을 촉진하고,

간의 열을 내려주고, 콜레스테롤을 강하시키며, 시력증진, 고혈압, 변비 등에 도움을 준다.

장기능 개선

건강한 장을 유지하기 위해서는 장내에 유익균이 많고 유해균이 적은 장내세균총이 자리 잡아야 한다. 그러나 여러 이유로 정상세균총의 균형이 깨지면 장이 기능을 제대로 수행하지 못해 설사와 면역저하, 비만 등의 문제가 나타날 수 있다. 장기능에 도움이 되는 유산균, 비피더스균과 같은 유익균은 영양분을 가지고 유기산을 만들어내어 유해균의 성장을 방해하는 역할을 한다. 또한, 비타민을 생성하여 우리 몸에 공급해주거나 칼슘의 흡수를 도와준다.

성인의 장에는 400여 종 이상의 균들이 100조마리 이상 서식하고 있다. 유산균은 장벽에 부착되어 유해세균의 증식을 억제하고 장의 연동운동을 원활하게 이루어지도록 도와주며, 영양소의 분해 및 흡수를 도와주기 때문에 장기능의 문제로 인한 질병이나 비만에 효과가 있다.

체지방분해

유청단백을 주원료로 한 제품을 각종 필수아미노산이 골고루 포함되어 있다. 또한, 새로운 펩타이드 기술을 접목시켜 유청단백질에서 특정 성분을 분리 및 농축, 우유에서 뽑아낸 분리 유청단백농축으로 지방과 유당을 거의 함유하지 않으면서 체지방을 분해하는데 효과가 있다.

식사대용식

단백질, 비타민, 효소, 무기질이 주성분으로된 식사대용식은 적은 양으로 포만감을 주는 역할을 하므로, 과식을 피할 수 있고 균형 있는 영양을 공급하게 된다.

미량영양소 공급

질병, 병적인 비만

인체가 스스로를 보호하는 방어선인 면역 기능을 강화하기 위한 솔루션을 제공해야 한다. 효과적으로 면역 기능을 강화하기 위해 다양한 식물성 영양의 공급을 충분하게 해줘야 한다.

스트레스로 인한 비만

유해환경의 영향으로 날로 증가하는 산화스트레스로부터 여러분의 세포를 보호하는 항산화제를 사용한다.

유해환경의 영향으로 인체 내 활성산소가 증가하고 이로 인한 영향이 날로 심각해지고 있다. 인체가 활성산소로부터 자신을 적절히 보호하지 못할 때 세포파괴가 일어나게 된다. 세포막 파괴를 막고 세포 손상을 예방하는 일은 모든 사람들이 놓쳐서는 안 될 중요한 일이 되었다. 이런 환경으로부터 세포를 보호하는 것이 우선시 되어야 한다.

호르몬의 문제 갑상선, 성장 호르몬 등

면역 기능을 강화하고 활력 넘치며, 호르몬의 균형을 맞춰줄 수 있도록 해야 한다. 호르몬은 감정과 밀접한 연관이 있기 때문에 감성조절을 위한 노력도 필요하다.

체내에 쌓이지 않는 천연식품

현대인들은 분주한 라이프스타일과 불규칙한 식생활 영양이 부족한 식품, 과다한 업무로 인한 스트레스와 피로로 건강을 위협받고 있다. 인체 내 각 기관이 원활하게 기능하는데 없어서는 안 될 중요한 영양소를 함유하고 있으며 다양한 천연성분과 식물성 영양을 함유하고 있는 것들을 섭취해야 한다.

체질개선

효소는 우리 몸의 일꾼으로 비만해소와 동시에 체내 독성 및 노폐물 제거로 건강이 개선되며, 체중을 줄여도 노폐물이 체내에 남아 있다면 오히려 체액과 혈액이 혼탁하여 건강이 나빠지게 된다. 효소는 노폐물 배출과 혈액순환을 촉진시켜 줍니다.

효소에는 아밀라아제, 프로티아제, 리파아제, 셀룰라아제 등 복합효소가 들어있는데, 아밀라아제는 탄수화물, 프로티아제는 단백질, 리파아제는

지방을 그리고 셀룰라아제는 섬유질의 소화분해를 원활하게 수행한다.

효소의 또 다른 중요한 역할은 인체 내에 존재하는 이물질을 분해하여 체외로 배출함으로써 소화기관, 혈관, 림프관 등 인체 내 모든 기관을 청소하는 일이다.

인체가 요구하는 필수영양소 45가지 중 비타민C를 제외한 모든 영양소가 현미 발효식품인 효소, 대두는 식물성 단백질과 지방이 풍부하고 식이섬유소, 올리소플라본, 사포닌, 레시틴 등 인체에 유용한 성분도 풍부하게 함유하고 있다.

현미와 대두에 포함된 효소와 비타민, 미네랄 등 각종 영양소는 배양과정을 거치면서 미생물의 대사작용에 의해 그 고유의 기능성이 크게 증대된다. 또, 가공되고 조리되어 영양소가 파괴된 우리의 음식물로는 충분히 흡수할 수 없게 된 효소와 비타민, 미네랄, 식이섬유 그리고 항산화효소인 SOD, 중금속을 흡착하여 배출하는 피틴산, 감마아미노낙산 등 생리활성물질이 풍부하게 들어 있다.

굶지 않고, 체지방은 빠지고 근육량과 기초대사량은 증가시키고, 요요현상이 일어나지 않는 다이어트를 시행해야 한다.

평생의 숙제 다이어트

Chapter 14

비만치유를 위한 해독요법

독소 TOXIC

　인체에 들어온 독소는 신장과 간·소변·대변·호흡 등을 통하여 자연스럽게 배출되어야 하는데 산업의 발달에 따라 화학물질이 증가하고 각종 중금속은 물론, 독소가 많이 들어 있는 음식의 섭취가 증가, 술이나 담배·카페인 등의 물질, 스트레스, 마약류 등 불법 독성물질이 만연하여 인체가 독성물질을 자연스럽게 배출하기에는 한계가 있다.

독을 배출하는 가장 큰 역할을 하는 것은 대변, 다음으로 소변, 땀의 순이며, 장기로는 간, 신장, 피부, 폐, 림프계 등이 독소 배출을 하는 역할을 담당하고 있다.

해독을 하는데 가장 중요한 것은 식생활습관을 개선시키는 것이고, 운동, 수분섭취, 마사지요법 등으로 독을 제거할 수 있다.

일반적으로 사람들이 생각하고 느끼는 것보다 심각할 정도로 독에 노출되어 있다, 본인이 느끼지 못하고, 자각증세가 나타나지 않더라도 입과 코, 피부를 통해 독소가 체내로 들어오고 있고, 잘못된 식습관으로 인해 더 많은 독소들이 체내에 쌓여 문제를 일으키는 주범이 되고 있다. 외부적인요인 뿐만 아니라 체내에서도 독소가 발생되는데 이 독소를 제대로 배출하지 못하면 신진대사가 제대로 이루어지지 못하고, 몸의 균형이 깨지게 되어 조직을 손상시키고, 마비 증상이 나타나며 질병이 발생되는 것이다. 만성피로, 만성적인 두통, 어깨 결림, 병원에서 검사를 해도 이상이 없다고 하지만 증상으로 나타나는 이상반응, 이것저것 다 해봐도 완화되지 않는 증상들은 대부분 체내의 독소 때문이다.

（예） 숙변으로 인한 장 팽창. 배설된 숙변 및 독소

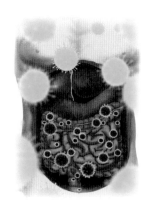

몸에 독소가 쌓이는 원인

- 바이러스나 박테리아
- 스테로이드 계통의 약이나 인스턴트 가공식품
- 입을 통해 섭취되는 농약 같은 유해 독소, 화학약품
- 배설 기능저하_{숙변}
- 무리한 다이어트의 반복_{장기능저하}
- 전자파_{컴퓨터, 핸드폰, TV}나 과도한 방사선_{X-선 촬영, 방사선 항암치료}
- 과다한 체력소모
- 스트레스
- 늦은 밤의 식사
- 과식 및 폭식
- 수분 섭취 부족
- 환경오염
- 독한 마음, 분노

해독Detox

인체 내에 쌓인 독소와 노폐물을 배출시켜 질병을 치료하고 예방하는 대체의학의 하나이다. 인체에 들어온 독성물질은 신장과 간·소변·대변·호흡 등을 통하여 자연스럽게 배출되어야 하는데 산업의 발달에 따라 화학물질이 증가하고 각종 중금속은 물론, 독소가 많이 들어있는 음식의 섭취가 증가하고, 술이나 담배·카페인 등의 물질, 마약류 등 불법 독성물질이 만연하여 인체가 독성물질을 자연스럽게 배출하기에는 한계가 있다.

이러한 독성물질이 인체에 쌓이면 면역 기능과 호르몬 기능이 저하되고 신경 및 정신질환, 암 등 여러 가지 증상이 나타난다.

질병과 비만의 근본치료는 해독요법

현대 과학문명으로 인하여 온갖 공해물질이 물, 공기, 토양 등을 오염시켜 인간 생존을 위협하고 있다. 과거에는 독성물질 하면 기껏해야 기후의 변화로 인한 세균성 감기나 독감 바이러스 같은 경우와 음식물독_{술독, 니코친독, 상한 음식 독 등} 정도였다. 그러나 현재는 세균이나 바이러스, 진균, 박테리아 등도 내성이 생겨 독성에 강해졌고, 이러한 균 차원을 뛰어넘는 공해 독 들이 지구 전체를 오염시키고 있다. 더구나 온갖 화학약품을 투여하는 중에 오히려 치료약이 독소로 작용하여 몸에 축적되어 나타나는 경우가 많아지고 있다.

그러므로 비만이나 질병을 치료하는 데 있어서 해독하는 방법이 우선시 되지 않고는 근본 치료란 어렵게 되었다. 아무리 좋은 치료방법이나 치료원리가 있다 하더라도 체내에 쌓여있는 독소를 제거하는 해독이 가장 우선적으로 시행되어야 한다. 따라서 해독요법을 모르는 의사나 의학은 앞으로의 공해문명 시대에는 무력해지게 된다.

디톡스 건강법

오늘날 우리는 산업용 화학물질, 오염된 물, 살충제, 식품첨가제, 중금속, 약물, 환경 호르몬 등의 독성 화학물질에 그 어느 때보다도 큰 위협을 받고 있다. 뿐만 아니라 우리의 그릇된 식사 문화와 섭생으로 인하여 외부 독소의 효과적인 배출이 저해됨은 물론, 내부에서 또 다른 독소의 양산이라는 심각한 상태에 이르고 있다. 안팎으로 생기는 독소는 우리 몸 안의 생태환경을 근본적으로 바꾸어 놓으면서 조직의 손상과 감각 기능의 저하는 물론이고 각종 질병의 원인으로 작용하고 있다.

디톡스 건강법이란 이러한 우리 몸 안의 독소를 약물이나 수술을 통하지 않고 자연요법으로 제거하여 건강을 도모하는 방법을 말한다.

디톡스 건강법은 치료에 있어서도 근본적인 요법이지만, 치료에 앞서 병의 원인을 제거함으로써 예방을 하는 데 더 큰 의의를 갖고 있다.

디톡스를 하게 되면, 인체는 다시 깨끗한 몸으로 태어나 균형을 갖추고 육체적 정신적 성적 에너지를 가득 채우게 된다. 그래서 창의력이 되살아날 뿐만 아니라 외모와 태도도 달라지게 된다.

디톡스의 이점

- 소화기계 내에 축적된 노폐물과 발효를 일으키는 박테리아 효모가 청소된다.
- 지나치게 많은 점액과 울혈 등이 제거된다.
- 보통의 식사 습관으로는 개선하기 힘들었던 간, 신장, 혈액이 정화된다.
- 정신이 맑아진다.
- 설탕, 카페인, 니코틴, 알코올 등에의 의존이 줄어든다.
- 나쁜 식사 습관이 개선됨으로써 위장의 크기도 정상으로 돌아와 체중이 조절된다.

• 면역계가 자극되고 강화된다.

자가 독소 테스트

❶ 해조류, 야채, 과일을 즐겨 먹지 않는다.

❷ 인스턴트 식품을 자주 먹는다.

❸ 담배를 핀다.

❹ 음주가 주 2회 이상이다.

❺ 탄산음료나 커피를 매일 마신다.

❻ 변비가 심하다.

❼ 만성적인 소화불량이나 위장의 불쾌감이 있다.

❽ 피부 트러블이 잦고 검어지는 느낌이 든다.

❾ 감기에 잘 걸린다.

❿ 관절에 통증이 자주 온다.

⓫ 몸이 자주 붓고 무겁다.

⓬ 두통이 잦고 머리가 멍하다.

⓭ 진통제나 안정제를 자주 복용한다.

⓮ 쉽게 우울해지거나 짜증이 난다.

⓯ 스트레스가 많고 불규칙한 생활을 한다.

⓰ 늘 피로를 느낀다.

• 13개 이상 : 체내 독소의 수준이 매우 높으며 즉시 전문적인 치료가
필요하다.

• 9~13개 : 체내 독소의 수준이 높은 편이며 관리가 필요하다.

- 4~8개 : 체내 독소의 오염이 시작되었으므로 주의가 필요하다.
- 0~3개 : 현재는 건강하며 식습관과 생활습관을 주의하면 큰 문제는 없다.

우리 몸의 독소처리 시스템

우리 몸은 끊임없이 생활환경이나 음식, 공기 등에서 들어온 독소를 배출해내기 위해 전력을 다하고 있다. 우리 몸의 독소 중화 시스템은 참으로 오묘하고 신비롭기까지하다.

호흡 및 면역시스템

- 우리 몸을 보호하는 최전선이다. 음식, 환경에서 들어오는 독소를 막는다.
- 입과 코의 점막, 코와 귀 속의 털 등이 인체 내로 병원균이 들어오는 것을 막는다.
- 병원균이 침입하면 즉각 백혈구와 항체가 생겨나 병원균과 맞서 싸운다.
- 폐도 이 시스템에 속하는데 폐는 호흡을 통해 이산화탄소와 물을 배출하기도 하지만 담배연기나 차의 배기가스 등을 흡입하기도 한다.

소화기 시스템

- 우리가 먹는 모든 음식은 위를 거쳐 장으로 가게 된다.
- 위와 장에서 영양분은 흡수되고 찌꺼기는 배출된다.

- 장은 매일 많은 양의 찌꺼기를 배출하므로 디톡스 시스템 중에서 매우 중요한 역할을 하고 있다.
- 간은 수많은 물질의 해독을 비롯하여 1,500여 가지가 넘는 많은 기능을 수행하는 기관이다.
- 간의 쿠퍼 세포는 쓰레기 처리장과 같은 일을 하는데, 죽은 세포, 암세포, 효모, 바이러스, 박테리아, 기생충, 인공 화합물 등을 먹어치운다.
- 또한, 약과 호르몬 그리고 인체의 노폐물을 중화시키며, 중화된 물질들은 담낭을 거쳐, 장을 통해 배출된다.

피부

- 인체에서 가장 큰 기관으로 매우 중요한 해독 기관이다.
- 땀을 흘리는 것은 체온 조절이 목적이기도 하지만 독소를 배출하기 위해서이기도 하다.
- 피부는 인체의 가장 바깥에 위치하면서 우리를 외부 세계로부터 보호하고 동시에 외부세계와 연결한다. 우리 몸에서 가장 넓은 면역시스템이고, 가장 큰 기관이다. 외부에서 나쁜 것들이 들어오지 못하게 방어하고, 몸속의 나쁜 것들을 배출한다. 그리고 촉감을 통해 쾌감과 온감, 통감 등 거의 모든 느낌을 인지하며, 멜라닌세포는 멜라닌색소를 형성하여 자외선으로부터 우리 몸을 방어한다.
- 피부의 면적은 약 2m²이며, 피부의 무게는 약 5~7Kg정도이다.
- 피부는 표피와 진피로 구성되어 있고, 표피의 가장 바깥층은 각질층인데, 이 각질층은 모두 죽은 세포로 이루어져 있다. 이 피부 세포는 28일 주기로 교체된다. 1분에 약 2만 5천개, 1시간에 100만개 피부 세포가 떨어져 나간다. 피부와 머리털은 케라틴이라는 물질로 되어 있다. 집안의 대부분의 먼지는 우리 가족들의 피부에서 떨어져 나간 세

포들이다.

- 피부 발진은 독소를 몰아내는 징후이다.

비뇨기 시스템

- 신장의 역할은 혈액 속의 독소를 걸러서 소변을 통해 밖으로 배출하는 것이다.
- 또한, 필요한 영양분을 걸러 인체가 재사용할 수 있도록 도와준다.

임파 시스템

혈관과 함께 인체 내에 흐르면서 세포에 영양을 공급하고 노폐물을 배출한다.

체내 디톡스 시스템

- **소화기** : 간, 대장, 위장관
- **비뇨기** : 신장, 방광, 요도
- **호흡기** : 폐, 인후, 부비강, 코
- **임파계** : 임파관 및 임파절
- **피 부** : 땀, 피지선, 눈물

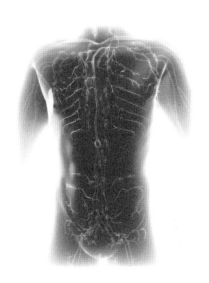

🗓 체내 독소 자가진단

❶ 만성피로, 무기력증, 항상 몸이 무겁고 쉽게 피곤하다.

❷ 어깨나 목 결림 증상이 오래 지속된다.

❸ 술자리가 잦은 편이다.

❹ 지방간 또는 간 수치가 높은 편이다.

❺ 콜레스테롤 수치가 높고 혈압 조절이 잘 안 된다.

❻ 소변을 보면 색깔이 진하고 시원치가 않다. 또, 거품이 많이 나기도
한다.

❼ 평소에 육식을 즐기는 편이다.

❽ 피부 트러블이 잦고 검어지는 느낌이 든다.

❾ 속이 더부룩하고 가스가 자주 차며, 소화가 잘 안 된다. 신경성 위장
장애.

❿ 설사나 변비로 고생 중이다. 생리통 및 갱년기 증후군, 과민성 대장
증후군.

⓫ 고혈압이나 여드름 약을 장기간 복용 중이다.

⓬ 두드러기나 알레르기 반응이 잘 나타난다.

⓭ 코, 잇몸, 항문 등에서 피가 날 때가 있다.

⓮ 팔다리 등에 쥐가 나거나 저림 증세가 자주 나타난다.

⓯ 당뇨병, 동맥경화, 간기능 부전, 최근 성욕이 감퇴됨을 느낀다.

⓰ 불면증, 부종

⓱ 피부가 탁하고 기미, 여드름이 오래 가는 경우

현대를 살아가는 사람은 필연적으로 유해한 자연 환경에 노출되어 체
내에 독소가 쌓이고 면역력이 약해져 자가 치유능력이 현저히 떨어지게

마련이다. 이렇게 되면 독소를 원활히 배출하지 못해 암, 당뇨, 심장질환 등을 발생시키게 되는 것이다.

이처럼 다양한 질병을 유발시키는 체내의 독소를 체외로 배출시켜 간 기능을 개선시키고, 중풍 전조증에 해당하는 손발 저림이나 복부비만이 빠르게 호전된다. 이렇게 체내의 독소를 해독함으로, 과로하고 긴장하는 직장인들, 스트레스를 많이 받는 수험생들의 떨어진 신체 기능을 회복시켜 줄 수 있고, 비만, 여드름, 변비, 소화장애 등 다양하게 나타나는 증상들을 해결해 주고 있다.

특히, 비만치료에 있어서 반드시 체내의 독소를 제거하는 해독요법이 선행되어야 한다. 체내의 독소를 제거하지 않는 다이어트는 요요현상으로 성공하기 어렵다.

📇 체내의 독을 없애는 일상의 해독법

각종 산업 공해들과 이로 인해 오염된 공기나 물을 통해 흡수되는 중금속, 환경 호르몬이 체내에 쌓여 건강에 문제를 야기시키고 있으며, 대기 오염이 심각한 중국에서 날아오는 황사가 각종 오염물과 혼합되어 체내에 누적됨으로써 비위脾胃을 상하게 하여 집중력 장애를 일으키게 되는 경우도 빈번하다.

또한, 신체적으로 겨울철의 생체 시계에 따라 순환이 제대로 되지 않아 신진대사 등에 의해서 노폐물들이 체내에 많기 쌓이기 때문에 활동성이 느려지는 경우도 발생한다. 이러한 것을 개선하기 위해서는 몸을 깨우는 해독이 필수적이다.

📍 일상생활에서 쉽게 할 수 있는 해독요법

- 매일 아침 10분간 찬물 샤워 – 찬물 샤워는 몸의 활동을 촉진하는 부신피질 호르몬의 분비를 자극해 기분을 상쾌하게 하고 피부의 혈액순환을 증가시켜 노폐물을 체외로 배출시켜준다.

- 드라이 건포마찰 – 건포마찰은 피부 호흡을 원활하게 해주며 체표의 노화된 각질층을 제거함으로써 몸속의 산을 배출하고 림프계를 자극해 세포 재생과 노폐물 배설을 촉진한다. 또한, 내장을 튼튼하게 하는 효능이 있다.

- 하루 2리터 이상 물 마시기 – 물은 우리 몸 구석구석까지 흡수되어 세포에 영양분을 공급하고 노폐물을 배출해 준다. 육각수 물을 마시는 것이 좋다.

- 현미잡곡밥 – 현미에는 옥타코사놀이라는 생리활성물질이 함유되어 있어 근육을 튼튼하게 하고 지구력을 강화해 준다.

- 생명력이 간직돼 있는 컬러 푸드 – 컬러 푸드란 말 그대로 색깔이 있는 식품을 가리키는 말로, 과일이나 채소의 천연색소가 특정 영양소와 관련이 되어 있다는 이론이다.

- 장기 마사지 – 장기 마사지는 오장육부의 균형을 회복하고 장기의 기능을 활성화시켜 독소를 해독하고 인체의 타고난 치유 능력을 일깨워 준다.

- 하루 30분 땀 흘리는 운동 – 해독이나 다이어트가 아니라도 적당한 운동은 건강하고 즐거운 생활을 위한 필수 요소다.

⚖️ 해독에 좋은 음식들

🥄 미역

피를 맑게 해주는 성분이 있으며, 중금속의 독을 밖으로 빼주는 효과가 있다.

쑥

쑥에는 피를 맑게 하고 혈액순환을 좋게 해주는 성분과 백혈구 수를 늘리는 등 살균력이 뛰어나다.

현미

현미에는 물 안에 쌓인 농약 성분을 밖으로 배출시키는 효능이 있다.

감자

감자는 폐 조직을 보호해주는 성분이 있어 흡연을 하는 사람에게 좋다.

미나리

미나리는 폐와 기관지를 보호하는 작용과 몸의 산성화를 막아준다.

된장

동안의 비결이라는 된장찌개. 이 된장에는 유독가스를 해독하고 농약 성분을 없애주는 좋은 발효식품이다.

콩

색깔마다 해독의 기능이 다르다는 콩은 공해 해독작용 뿐만 아니라 콜레스테롤을 낮추는 기능이 있다.

🌾 양파

양파는 불면증, 소음 스트레스로부터 마음을 안정시키는 성분이 있다.

🌾 녹두

녹두는 체내의 노폐물을 녹여 배설시키는 성분이 있다.

몸에 독소가 쌓이지 않도록 식습관이나 생활패턴을 바꿔야 한다. 습관을 바꾸면 운명이 바뀐다. 절대적으로 식생활 습관을 변화시켜야 하는 시기이다. 천연생수를 먹거나 유기농법을 통한 무공해 농산물과 천연적인 자연식품을 섭취하고 화학약품의 섭취와 인스턴트식품 섭취를 최소화한다. 운동을 주기적으로 하여 호흡이나 피부를 통해 땀을 배출시켜 체내의 온갖 중금속 같은 여러 독성물질을 배출시킨다. 각각의 독소에 맞는 해독약을 써서 적극적인 치료로 해독시킨다.

해독 프로그램의 장점으로는 몸 안의 독소가 배출되어 활성산소의 발생을 막거나 줄여 세포노화를 방지하는 역할을 하며, 지방분해 사이클이 촉진되고 지방분해가 빠르게 이루어져 다이어트 효과가 있다. 또한, 체내에 쌓인 독소는 성인병의 원인이 되기도 하므로 해독 프로그램으로 성인병 예방효과와 피부의 독성을 제거하여 여드름, 기미 등에 효능이 있고, 피부재생도 빨라져 피부의 탄력이 유지된다.

Chapter
15

비만치유를 위한 효소요법

📅 효소요법

효소enzyme란 모든 생명체가 생명을 유지하는데 필수적인 성분으로 단백질로 이루어진 생 촉매를 말한다. 효소는 모든 생명체가 생명을 유지하기 위해 필요한 대부분의 생화학적인 반응에 관여한다.

인체에 부족한 효소를 이용하여 질병을 치료·예방하는 대체의학의 하나이다. 효소는 인체에서 일어나는 모든 화학적인 반응에 관여하는데, 식품으로 섭취한 탄수화물과 단백질·지질 등을 분해하고 소화시키는 작용을 한다. 효소가 부족하면 인체에 필요한 영양소들을 제대로 얻을 수가 없어 여러 질환이 발생할 수 있으므로 효소를 별도로 보충하는 치료법이다.

효소의 크기는 미생물보다도 작은 크기이다. 효소는 인체에서 일어나는 모든 화학적인 반응에 관여하는데, 식품으로 섭취한 탄수화물과 단백질·지질 등을 분해하고 소화시키는 작용을 한다. 효소가 부족하면 인체에 필요한 영양소들을 제대로 얻을 수가 없어 여러 질환이 발생할 수 있으므로 효소를 추가로 보충하는 치료법이다.

효모, 세균, 곰팡이 등의 미생물이 활동하고 생명을 유지하기 위해서도 수천, 수만 종류의 효소가 있어야 하고 식물이나 동물, 사람이 생명을 유지하기 위해서도 효소는 충분히 있어야 한다. 그 이유는 효소는 모든 생명체가 생명을 유지하기 위해 필요한 대부분의 생화학적인 반응에 관여하기 때문이다.

효소요법이란 간단히 말해서 효소를 우리 몸에 공급하여 질병을 사전에 예방하고 질병의 치료를 앞당겨주는 대체요법중의 하나이다.

🔲 효소요법의 근본원리

인체는 탄수화물, 단백질, 설탕 및 지방을 분해하고 소화하기 위해 22가지의 효소를 만들어낸다. 음식을 소화하기 위해서는 입에서 시작하여 위장으로 위장에서 소장으로 옮겨지는 단계를 거치는데, 이러한 각 단계에서 각각의 효소가 서로 다른 역할을 담당한다.

단백질을 분해하는 효소는 탄수화물에는 아무런 작용을 하지 않고 입에서 작용하는 효소는 위장에서는 아무 역할을 하지 못한다.

이러한 반응이 일어나는 주된 이유는 위장관계를 따라 형성되어 있는 산성도 때문인데 이 산성도로 인해 어떠한 효소는 작용을 하게 되는 반면 다른 효소는 아무 작용이 일어나지 못하게 한다. 소화가 이미 입에서 시작되어 위장에서도 일어날 때, 음식이나 건강식품을 통해 얻어진 식물성효소는 이러한 효소와 함께 작용하여 그 기능이 강화된다.

이렇게 소화가 된 음식물은 십이지장으로 내려오게 되는데 여기에 췌장효소가 작용하여 음식물을 더욱 잘게 분해시킨다.

마지막의 분해는 소장 하부에서 일어난다. 이렇게 효소는 함께 협동하여 음식을 소화시킴과 동시에 분해된 성분이 세포로 이동할 수 있도록 도와주는 역할을 한다.

식물성 효소요법

식물성 효소는 음식의 적절한 소화에 도움을 줌으로써 건강을 유지하는데 중요한 기능을 한다. 식물 효소요법은 식습관과 관련이 있는데, 신선한 과일, 채소, 견과류, 종자류가 식물 효소의 급원이 된다. 4개의 식물 효소들이 사용되는데 프로테아제protease 는 단백질을, 아밀라아제amylase 는 탄수화물을, 리파아제lipase 는 지방을, 셀룰라아제cellulase 는 섬유소를 소화시킨다.

식물 효소의 기능은 위에서 음식을 미리 소화되기 쉽게 해주는 것predigestion이고, 식물 효소요법은 이런 원리를 사용한다.

효소요법이란 올바른 식습관과 결부되어야만 한다. 신선한 과일, 야채, 콩 및 곡식 등에는 식물성 효소가 풍부하게 들어있다.

식물성 효소의 보충은 이렇게 자연적으로 얻어진 음식에서 얻어지는 보조요법을 기초로 한다. 야채나 과일 발효식품에 들어있는 효소는 48도 이상의 온도에서는 파괴되므로 이 이하의 온도에서 조리를 해야 효소 섭취를 극대화 할 수 있다.

🍳 식물성 효소 결핍

익힌 음식을 주로 먹는 경우 각종 염증성반응, 췌장의 비대, 중독성 결장 및 알러지 반응이 잘 일어난다. 이러한 염증성반응으로 기관지염, 부비동염, 방광염, 비염, 관절염 등이 잘 일어나게 되고 이러한 염증반응으로 인해 홍반, 부종 및 통증 등이 나타나게 된다. 또한, 췌장의 비대는 효소가 부족하게 되면 잘 일어나게 된다.

또한, 효소가 적으면 중독성 결장을 일으키게 된다. 소화되지 않은 음식은 배설되지 않고 장에 계속 남게 되고, 음식의 분자들이 독성물질로 바뀌게 된다. 이 독성물질이 혈액을 타고 해독작용을 위해 간으로 들어가게 되나 간이 일을 많이 하고 있는 상황이라면 결국 해독이 되지 못하고 다시 혈액으로 돌아다니게 되는 것이다.

생식을 하는 경우에는 식물성 효소가 풍부하기 때문에 이러한 반응이 일어나지 않는다. 이렇게 식사 때마다 면역계의 스트레스가 계속되면 결국 감염에 약해지게 되는 것이다.

🥄 식물성 효소요법의 장점

식물성 효소는 건초열, 궤양 및 칸디다증 등의 증상을 회복하는데 많은 도움이 되고 있다. 또한, 다른 영양성분의 흡수를 돕는 역할을 한다.

중증근무력증환자의 경우 비타민B 및 E 그리고 망간이 부족하지만 식물성 효소의 보조요법으로 이러한 성분의 흡수가 촉진된다. 아무리 비타민 섭취가 건강을 증진시키는데 도움이 된다 하더라도 효소가 부족하면 효과가 없다.

🗓 효소의 역할

몸에서 효소가 아주 중요한 역할을 한다. 암환자의 혈액에 효소를 공급하게 되면 암과 싸우는 것을 도와준다. 이런 효과는 여러 가지 식물과 동물로부터 얻은 효소를 복합처방하면서 발견하게 되었다. 효소의 결핍은 사람을 병을 유발하며, 빨리 늙게 한다. 체중조절과 배변의 조절이 중요하고, 이를 위하여 적절한 식이요법을 시행하여야 한다. 생선과 신선한 과일, 채소의 섭취는 늘리고 동물성 지방은 줄이며 효소를 결핍시키는 흡연과 과도한 커피의 섭취는 제한하고 효소의 작용에 중요하다고 알려진 비타민과 미네랄을 균형 있게 공급하여야 한다. 이러한 조치가 혈관질환, 림프종, 대상포진, 상처, 염증질환에 효과가 좋다.

암이나 난치병과 같은 질병의 치료에 보조요법으로 효소가 쓰이고 있고 또한, 건강한 사람이라고 해도 건강의 지속적인 유지와 노화의 지연을 위해 효소를 섭취해야 한다. 특별한 질병이 없어도 피로회복이나 건강을 위해 비타민제를 복용하는 것과 같이 효소를 섭취해야 한다.

　일부 선천적으로 특정효소가 결핍된 상태로 태어나는 경우도 있지만 대체로 어렸을 때나 청소년기에는 우리 몸속의 효소보유량이 풍부하다. 소화효소의 분비도 충분하다. 그러나 늙어갈수록 소화흡수에 어려움을 겪게 된다. 또한, 청소년기에는 혈액순환이나 면역과 관련한 효소의 양도 풍부하여 중풍 등의 혈액순환관련 질병도 거의 없고 감기 등의 병에 걸려도 노인들보다 빨리 낫는다.

　그러나 나이가 들면서 효소의 함유량은 급격히 줄어들어 몸의 신진대사가 확연히 떨어지게 된다. 실제로 조사한 바에 의하면 60대의 침 속의 효소가 20대에 비해 30분의 1정도라고 한다.
　이와 같이 효소가 부족한 상태에서는 병에 걸렸을 때 약을 처방하여도 제대로 듣지 않는다. 즉, 나이가 들수록 몸속의 효소보유량이 줄어들면서 젊었을 때는 없던 갖가지 퇴행성 질병이 생기고 약을 먹어도 잘 듣지 않는 만성질환인 경우가 많다.
　만성질환을 다스리기 위해 항상 약을 먹어야 하는데 대부분의 약은 화학적으로 합성한 것이어서 부작용이 있는 경우가 많다.

　약은 작용하고 난후 분해 배출되어야 하는데 분해가 어려워 몸의 각 기관 특히, 위장관, 간, 신장을 나쁘게 하든지 혈액순환과 면역계에 영향을 미쳐 이차적인 병을 유발하는 악순환을 겪게 된다.

　따라서 효소를 보충하여 몸의 신진대사를 원활히 함으로써 자연치유력을 높여 주는 것이 질병 치유의 방법이 될 수 있다.

효소는 특정 증상을 없애기보다는 영양흡수, 염증제거, 혈액순환, 면역 증대 등의 근원적인 체질을 개선하는 것이기 때문이다. 그러므로 비만치유에 있어서 반드시 체내의 효소 작용이 제대로 되었을 경우 요요현상이 없는 확실한 비만관리를 할 수 있는 것이다.

효소의 생리작용

소화흡수작용

침 속의 아밀라제로부터 위, 소장을 거치면서 프티알린, 펩신, 트립신, 에렙신, 리파아제 등의 효소가 나와 각종 영양소를 분해하여 흡수하기 쉬운 상태로 만들어 세포의 영양분 및 장기의 에너지로 흡수시킨다.

소화흡수 기관에서 여러 가지 효소를 만들어 혈액을 통하여 전신으로 보낸다.

해독 살균작용

체내의 독성을 제거하고 세균을 제거하는 기능을 가진다. 효소는 특히 간기능을 강화시켜 외부로부터 들어오는 독소를 분해하여 해독시키고, 화농균에 대한 강력한 살균력을 가지고 있다.

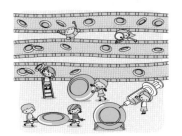

혈액정화작용

탁해진 혈액을 깨끗하게 정화시켜 혈액을 맑게 하여 산소와 영양공급을 원활하게 한다.

혈액속의 독소, 노폐물을 분해 배설시키고 혈액 속에 많은 콜레스테롤을 용해 조절하여 약알카리성 혈액으로 개선시키며, 혈액의 흐름이 좋아지도록 돕는 작용을 한다.

세포부활 기능

세포분열을 촉진하여 세포재생 기능과 세포의 기능을 촉진하는 작용으로 괴사된 세포를 활성화시켜 조직의 기능을 빠르게 원상회복시킨다.

세포의 대사 기능을 활성화시켜 낡은 세포와 새로운 세포를 교체시킨다.

분해 배출작용

독소와 체내의 노폐물 등을 분해하여 배출시키는 작용이 있다. 또, 병이나 염증으로 인해 발생된 노폐물, 세포에 쌓인 공해물질 등을 분해하여 땀이나 소변, 대변을 통하여 체외로 배출시키는 작용이 있다.

항염 항균작용

체내에 번식하는 유해균의 발육을 저지하고 유익한 균의 번식을 돕는 기능이 있다. 염증이 나타나면 효소가 백혈구를 운반하고 활동을 도와 세포에 자연치유력을 높여주고 소염작용을 촉진시킨다.

자연치유력 향상

면역력을 강화시키고 질병의 회복을 빠르게 하고 감염을 억제시키는 기능이 있다.

효소는 원료의 종류가 많을수록 다양한 효소를 포함하게 된다. 그러므로 수십 종의 식물성 재료를 사용한 효소는 단일 효소와는 달리 많은 종류의 효소가 복합되어 있어 단일식품의 효소보다는 활성도가 아주 높다. 체질적으로 일시적으로 몸 상태가 더 나빠지거나, 설사, 발진 등의 반응이 나타날 수 있으나 이는 명현현상으로 복용양을 조절하여 섭취하면 해소된다.

평생의 숙제 다이어트

비만치유와 영양면역

영양이란 생명을 유지하기 위해서 필요로 하는 영양분을 섭취하여 성장발육 및 신체조직을 보수하는 현상이며, 영양소란 식품을 구성하는 물질 중에 인체에 원활한 영양상태를 위해 필요한 물질이다.

따라서 영양소의 기능은 혈관을 통해 전신에 운반되어 에너지의 보급, 신체조직의 구성, 생리 기능의 조절 등의 여러 가지 작용을 한다.

영양소의 모든 작용은 몸을 구성하는 기본 단위인 세포 내에서 이루어지고 영양소의 작용은 서로 연관되어 있으며, 보완하여 작용하므로 균형 있는 영양 섭취가 중요하다.

🟦 영양요법이란?

균형 잡힌 영양소를 섭취하여 건강을 유지하고 예방하는 대체의학이다. 영양처방 또는 식사요법이라고도 하며 식이요법과도 관련이 깊다. 질병을 이겨낼 뿐만 아니라 환경에 대처하는 능력이나 감정적, 정신적 요인들을 이겨내는 데에 효과를 나타낸다. 가공식품과, 인스턴트식품의 남용과 불규칙한 식생활 습관에 의하여 부분적으로 부족해진 영양소를 보충하는 것으로, 개인에 따라 다양한 방법이 있다. 각자의 증상에 따라 정상 식사를 수정함으로써 소화 영양흡수를 가능하게 하고, 동시에 질병을 호전시키는 대체의학이다.

🟦 자연영양요법

자연영양요법은 체내에서 자연스럽게 생성되는 생리물질의 생합성을 유도하기 위해서 생리물질의 생합성에 필요한 영양물질만을 공급하여, 신체의 외부에서 들어오는 약물과는 비교가 안 될 정도로 무해하고도 강력한 약과 같은 작용을 하는 생리물질을 신체 스스로가 만들어 신체의 부조화를 근본적으로 개선함으로써 질병의 치료하는 것이다.

인체는 60조~100조 개의 세포로 구성되어 있고 각각의 효소의 작용에 의하여 300만 건이나 되는 생화학반응1효소 1생화학반응을 하여 신진대사가 이루어지고 있다.

이들 세포 하나하나는 전부 산소를 필요로 한다. 인체세포의 주재료는

단백질이며 인체세포벽은 불포화지방산으로 구성되어 있다. 효소는 단백질, 비타민, 미네랄, 엔자임 등을 의미하며 생명활동의 기초를 이루고 있다. 우리 인체 내에서 생명의 유지와 성장을 위하여 1일 300만 건 이상의 다양한 생화학반응이 이 효소의 작용에 의하여 일어나고 있으며 효소는 이러한 모든 생화학 반응을 촉진, 매개하는 생체족매의 역할을 한다.

균형 잡힌 식단 또는 영양의 균형이 건강의 지표가 되며, 균형 잡힌 식생활을 함으로써 세포가 원하는 모든 영양소를 골고루 우리 몸에 공급할 수 있다.

영양

음식을 아무리 많이 섭취하더라도 영양소는 편중되어 있으며 영양소도 부족하다.

때문에 균형 있는 영양섭취와 소식습관을 가져야 한다. 우리는 식습관을 바꿔야 한다.

3대영양소 - 탄수화물, 지방, 단백질 +

무기질미네랄과 비타민은 전해질 균형에 필수적인 물질, 수분, 체액, 햍액의 삼투압유지, 혈압유지, 심장운동배뇨 등의 작용에 필수적인 요소들이다.

99%의 질병은 면역체계가 균형을 잃게 된 것과 관계

• 가장 훌륭한 의사 : 자신의 면역체계

- 면역의 가장 중요한 기관 → 흉선, 골수
- 흉선 : 면역세포로 하여금 어떻게 외부 침입자에 저항하고 방어하는지 훈련
- 골수 : 면역세포를 만들어 내는 곳

영양소의 종류와 기능

탄수화물당질+섬유소

우리 식사 가운데 총열량의 60%를 차지하는 주된 열량 영양소이므로 매우 중요하다. 탄수화물은 탄소, 수소, 산소를 그 분자 내에 가지고 있는 유기화합물로서 식물이나 동물에 의해 만들어질 수 있으나 주로 식물체에 의해 형성되고, 식물체는 아주 중요한 반응인 광합성을 통하여 공기 중의 이산화탄소와 토양 중의 물로 탄수화물을 합성한다.

식품류는 곡류, 감자류가 있고 주요 영양소로는 당질, 단백질, 아연, 비타민B1이 있으며, 식품으로는 쌀, 보리, 콩, 팥, 옥수수, 밀, 감자, 토란, 밤, 밀가루, 미숫가루, 국수류, 떡류, 빵류, 과자류, 초콜릿, 설탕, 꿀 등이 있다.

단당류

- 포도당 : 음식으로 섭취한 당질이 잘게 쪼개져서 흡수될 때의 형태이며, 혈액 내 포도당 농도를 혈당이라고 한다.
- 과당 : 포도당과 함께 과일과 꿀에 함유되어 있고, 자연계에 존재하는 당 중 가장 달다.
- 갈락토오스 : 포도당과 결합된 유당의 형태로 사람이나, 젖소, 양 등

의 유즙에 함유된 단당류이다. 뇌에 다량 함유 되는 물질로 뇌 성장에 중요한 작용을 하므로 영아의 뇌 성장 발달에 중요한 영양소라 할 수 있다.

🍵 이당류

- **설탕**자당 : 혈당량을 유지시키는 역할을 한다.
- **젖당**유당 : 종 내에 필요한 유산균 발육을 도와주고 잡균번식을 억제한다.
- **맥아당** : 우유나 맥주에 함유되어 있다.

🍵 다당류

- **녹말**전분 : 곡류나 감자류에 75.8%
- **섬유소** : 영양적 가치는 없으나 소화관 자극으로 연동운동을 촉진, 대변배설 기능을 촉진하는 역할을 한다.

🥄 지방

지방은 동물의 피하조직과 식물의 종자에 함유되어 있고, 열량제공과 함께 음식의 맛을 풍부하게 하고 만족감을 오래 느끼도록 하는 특징을 가지고 있다. 지방은 우리 몸에 필수적으로 중요한 영양성분으로 지용성 비타민의 흡수에 중요하다.

지방은 지방산으로 이루어져 있으며 지질은 동물성으로 상온에서 고체 상태로 있는 것을 말하고 기름은 식물성으로 상온에서 액체 상태로 있는 것을 말한다.

지방은 장에서 소화되면서 지방산과 글리세롤로 분해되며 지방산은 지질의 구성분자로서 탄소, 수소, 산소의 3원소로 구성된다. 지방산 중에는 필수지방산이 존재하는데 필수지방산이란 신체의 성장과 유지 및 여러

생리적 과정의 정상적인 기능에 필수적으로 필요하지만 체내에서 합성되지 않거나 불충분한 양이 합성되는 지방산을 뜻한다.

일반적으로 필수지방산은 인지질의 구성 성분이다. 이 지질은 세포막을 형성하며 세포 투과성을 조절하는 역할을 한다. 필수지방산은 지방을 운반하는데 관여하고 혈중 콜레스테롤을 저하시키는 작용을 한다.

단백질

인체를 구성하는 성분중 물을 제외하면 단백질의 함량이 가장 높다. 단백질은 생명현상을 유지하는 피부, 근육, 뇌의 기능 유지, 성장, 면역, 효소와 호르몬을 생성, 항체형성, 체액의 유지와 전해질 균형유지, 영양소의 저장 등의 중요한 역할을 하고 단백질을 인체에 공급하면 소화와 대사를 거쳐 약 22종의 아미노산으로 분류된다.

3부 영양소

- 무기염류 : 몸의 구성 성분으로 생리 작용 조절
- 물 : 체중의 약 70%, 생리작용 조절
- 비타민 : 체내에서 합성되지 않고, 소량으로 생리작용 조절을 한다.

다이어트에 도움이 되는 비타민 미네랄

종류		주요작용	주요공급원
수용성 비타민	비타민B1	당을 에너지로 전환할 때 관계한다.	돼지고기, 간, 우유, 달걀노른자, 콩류, 배아, 담수어류, 대구알, 녹황색채소
	비타민B2	당, 지질, 아미노산의 대사에 필요	돼지고기, 간, 우유, 달걀 노른자, 콩류, 배아, 대구알, 된장
	비타민C	콜라겐 생성에 관여, 철의 흡수를 돕는다. 아미노산, 스테로이드 생성에 필요하다.	녹황색 채소, 감귤류, 딸기, 감, 감자
지용성 비타민	비타민A (카로틴)	피부 점막을 건강하게 지킨다. 눈의 기능을 정상으로 유지한다.	간, 버터, 치즈, 달걀노른자, 녹황색채소(카로틴함유)
	비타민D	칼륨, 인의 흡수, 침착을 촉진한다.	정어리, 장어, 참치, 간, 치즈, 버터, 표고버섯
	비타민E	비타민A, 불포화지방산의 산화를 방지한다. 노화방지에 도움을 준다.	배아, 녹황색채소, 콩류, 간, 달걀 노른자, 견과류
미네랄	칼슘	뼈, 심근의 수축작용에 관계한다. 혈액응고 작용, 신경이 외부의 자극에 예민해지는 것을 진정	우유, 유제품, 뼈나 껍질 채 먹는 작은 생선이나 새우, 해조류, 녹황색채소
	철	혈액에 헤모글로빈을 구성하고 몸에 산소를 공급, 부족하면 빈혈증상	간, 고기나 생선의 붉은 살이나 거무스름한 부분, 달걀, 녹황색채소, 건포도, 프룬(말린자두)
	칼륨	심장, 근육 기능을 조절한다. 나트륨등과의 균형을 유지한다.	과일, 감자, 야채

무기질

인체를 구성하고 있는 많은 화학원소 중에서 주로 물과 유기물을 만들고 있는 탄소, 수소, 산소, 질소를 제외한 나머지를 일괄해서 미네랄 또는 무기질이라고 총칭한다. 성인의 체내 총 무기질 함량은 우리 몸의 4%에 해당한다. 무기질은 칼로리 원은 아니지만 생물체의 구성 성분으로서 매우 중요하다.

무기질은 약 100여 종의 금속 및 비금속 원소로 되어 있으며 대부분 무기염 형태로 식품 중에 존재하지만 단백질 혈색소, 효소, 엽록소 등의 유기물 속에 들어있는 무기질도 있다. 그러나 식품 및 인체의 구성 성분으로 중요한 생리작용을 나타내는 무기질은 약 20여 종에 불과하다.

체내의 여러 가지 생리 기능을 조절, 유지하는데 중요한 역할을 하는 미네랄은 그 종류가 70여 종이 된다. 그 필요량에 따라 다량 미네랄과 미량 미네랄로 분류한다. 일반적으로 하루에 100mg 이상 필요로 하는 미네랄을 다량 미네랄이라 한다. 여기에는 칼슘, 마그네슘, 칼륨, 염소, 나트륨, 유황, 인 등 7가지 미네랄이 해당한다.

하루에 100mg 이하로 소량 필요로 하는 미량 미네랄로는 철, 불소, 구리, 요오드, 크롬, 코발트, 망간, 실리콘, 셀레늄, 니켈, 바나듐, 아연, 규소, 주석, 몰리브덴 등이 있다.

인체 내 미네랄 균형은 중금속의 흡수를 저해하고, 배설을 촉진시켜 체내 중금속 중독으로 인한 여러 가지 질병을 예방하는 효과를 가져 올 수 있다.

🥢 식이섬유

식이섬유질은 야채와 과일 곡류에 풍부하게 들어있는 성분으로 체내에서 소화흡수되지 않아 에너지원으로 활용되지 않으므로 영양적 가치는 없다. 하지만 영양이 되지는 않지만 중요한 역할을 하고, 질병 예방에 도움이 된다. 1일 20~25g 섭취하는 것이 바람직하다.

• 혈당과 콜레스테롤의 상승을 막는다.

• 장내 유해 물질을 흡착해 배설한다.

• 변의 부피를 늘려 변비, 대장암을 예방한다.

• 물을 흡수하여 위胃에서 부풀어 포만감을 느끼게 한다.

🖌 항산화물질

다이어트는 세포가 활성화 되어야 성공한다. 세포가 활성화되기 위해서는 세포를 공격하는 인자를 막는 영양소, 즉 항산화제를 충분히 섭취할 필요가 있다. 세포의 산화를 억제하고 면역력을 높여 동맥경화와 암 예방에 도움이 된다.

• **카로틴** : 당근, 붉은 피망, 토마토, 호박, 녹황색 채소

• **비타민C** : 감귤류, 녹황색 채소, 감자

• **비타민E** : 견과류, 녹황색 채소, 콩

• **폴리페놀** : 붉은 피망, 코코아, 녹차, 블루베리, 양파, 감자, 콩, 연어

🖥 면역, 영양 요법의 중요성

질병 치료를 함에 있어서 환자에게 맞는 영양요법과 면역요법을 병용시키지 않는다면 암을 비롯한 각종 질병 치료수술, 방사선, 항암제 치료는 아무런 치료 의미가 없다. 전문연구기관에 따르면 식생활과 암 발생은 최고 60%까지 차지할 정도로 영양과 암, 질병 발생은 밀접한 관계를 가지고 있다.

의학 기술은 눈부시게 발전하는데 환자는 늘어나는 이유가 무엇일까? 이는 면역 기능의 저하가 첫 번째 원인이다. 최근 통계에 의하면 미국인의

평균 면역력이 전체적으로 30% 감소하고 있으며 1년에 3%씩 감소하고 있다.

면역력이 이처럼 저하되어가는 이유는 과연 무엇일까? 영양소 함유량의 현저한 저하, 균형 잡히지 않은 영양소 섭취로 인해 나타나는 결과이다. 현재 우리는 아무리 많이 먹고 잘 먹어도 우리 몸은 항상 영양결핍 상태에 놓여 있으므로, 미국 의학협회는 2002년 소속 의사들에게 환자들에게 영양 보충제를 권장하도록 권고하고 있다.

면역력을 향상시키는데 충분한 영양소가 반드시 필요하다. 물론 균형 있게 영양소를 섭취해야 하지만 그 중에서도 면역력을 향상시키는 데는 영양소를 가장 필요로 한다. 영양소가 부족한 경우 면역세포가 제 기능을 수행하지 못하며, 기능을 수행하더라도 오류를 일으킬 수 있기 때문에 면역력 향상을 위해서는 꼭 필요한 것은 영양소이다.

면역세포가 일하는 방식

외부에서 적이 침입하면 대표적인 면역 세포인 대식 세포는 자기가 가진 당 사슬을 이용해 적을 인식하고, 역시 당 사슬을 이용해 임파구 세포에게 통보한다. 이 당 사슬은 세포와 세포 간의 정보전달을 하는 기능을 수행하며, 인지와 식별 기능을 하고, 면역세포의 조절 기능을 가지고 있다.

- 임파구 세포 역시 자기가 가진 당 사슬을 이용해 적을 알아보고 물리치게 된다.
- 면역 세포들이 가진 당 사슬이 제 모습이 아니거나 망가진 경우 적을 알아보지 못하게 된다.

🔳 면역

체내에 이상을 감지하여 인체를 지키고 이상 발생 시 치유하려는 상태를 조절하는 것이다.

암은 면역억제의 극한 상태에서 발생하는 병이다. 암세포는 건강한 사람에게도 매일 100만개 생성된다. 암환자는 임파구의 비율이 백혈구 전체의 30% 미만이기 때문에 면역이 억제, 정상적인 상태의 35% 비율을 유지, 임파구가 30%가 넘으면 암세포는 줄어들기 시작한다.

🦴 신구면역시스템

- 오래된 면역 : 비교적 초기에 성립된 면역시스템
- 새로운 면역 : 새로운 단계에서 성립된 면역시스템
- 면역은 어디에 있을까? : 임파구가 있는 장소에 있다.
- 임파구 : 흉선에서 만들어저 임파절과 비장으로 보내진다. 인체 내에 면역이 있는 장소는 또 있다. 아가미_{상부소화관}, 장관, 피부

🦴 새로운 면역

- 흉선에서 임파구가 만들어진다.
- 임파절, 비장으로 보내지는 것
- 임파절_{악하, 액와, 서혜부}, 흉선, 비장
- 외부에서 들어온 이물질, 즉 항원에 대해 싸우는 힘은 새로운 면역이 담당한다.

오래된 면역

- 누선, 이하선, 편도, 악하선, 유선, 간장, 장관, 충수, 자궁
- 오래된 면역시스템은 체내 이상을 감시한다. 과립구처럼 삼켜서 처리하는 임파구도 있다.
- 흉선 이외에서 만들어진 T세포가 오래된 면역시스템으로서 작용, 1960년대 이후 간장과 장관에서도 만들어진다는 것이 밝혀졌다.
- 암, 만성병, 난치병이 오래된 면역시스템과 관련이 있다.
- 나이가 들면 오래된 면역시스템이 주도적으로 활동한다.

> - 새로운 면역시스템의 중심인 흉선은 20세 무렵까지는 커지지만 그 이후에는 작아진다. 임파절, 비장도 나이가 들면서 위축, 이에 비해 오래된 면역시스템의 중심인 소화관과 간장, 외분비선의 임파구는 활발해진다.
> - 질병의 원인인 스트레스를 받을 때 일어나는 체내이상은 오래된 면역이 담당한다.

📋 면역강화를 위한 영양

반드시 식물 영양이어야 한다.

동물성 단백질 섭취시 소화 분해 능력이 약하며 또한 "프로스텍렌던"이라는 호르몬이 발생하여 면역시스템을 저하시킨다.

건강한 식물 영양이어야 한다.

무자극 무독성으로 신경계를 자극하여 손상시키면 안 된다.

🦴 완전한 식물 영양이어야 한다.

오렌지 속의 비타민C는 3차원의 구조로 완전한 결합구조이지만 화학적 추출은 1차원의 구조로 불완전하며 지속적 섭취시 부작용 초래

🦴 다양한 식물영양을 섭취해야 한다.

15가지 이상의 다양한 종류의 식물을 섭취해야 한다.

🦴 식물화학물질Phytochemicals이 많아야 한다.

자외선이나 환경으로 부터 자신의 생명을 지키기 위해 만들어 내는 물질로 동불의 면역체계와 같은 역할을 한다.

🦴 세포의 손상된 DNA를 복구할 수 있는 영양이어야 한다.

🔲 세포의 구조와 안전

마음을 항상 편안하고 즐겁게 유지, 소식과 균형 있는 영양섭취, 걷기, 등산 등 가벼운 유산소 운동, 화학물질, 약물오남용, 인공조미료, 방부제, 중금속, 전자파, 자외선, 방사선, 뜨거운 열 자극, 흡연, 과음 등은 세포에 독작용을 일으키고 세포 구조를 파괴할 수 있다. 따라서 세포의 물질, 에너지 대사, 유전자적 작용에 이상을 초래한다.

세포에 해로운 음식

　인스턴트식품, 가공정제식품은 식후에 내 몸의 변화가 오는지 느낄 수 있어야 하며 피부 감각을 살펴야 한다. 자기의 기호대로 부주의하게 먹는 습관은 오랜 시일이 경과되면서 인체 내 세포가 무차별 파괴당한다.

항산화작용으로 뇌 세포, 뇌혈관, 심장세포, 근육의 노화를 방지하는 물질과 식품

- Vitamin A : 과산화지질 생성억제, 눈에 영향
  - ☞ 장어, 미꾸라지, 당근, 시금치, 호박, 고구마, 고추, 녹황색채소, 버섯, 파래, 김
- Vitamin B_2 : 과산화지질 생성억제 분해하여 동맥경화를 방지
  - ☞ 저지방우유, 어패류, 효모, 시금치, 배아
- Vitamin C : 항산화 작용으로 심장근육과 혈관내피세포, 간, 신장 세포를 보호하고 출혈방지
  - ☞ 감잎차, 시금치, 녹차, 고추, 연근, 레몬, 귤, 딸기
- Vitamin E : 불포화지방산의 산화를 억제하고 중금속 축출한다.
  - ☞ 콩류, 아몬드, 해바라기씨, 잣, 식물성기름, 장어, 정어리

비타민

비타민은 13종류가 있다.
- 지용성 비타민 : 비타민 A, D, E, K
- 수용성 비타민 : 비타민 B1, B2, B6, 나이아신, 판토텐산, 엽산, 비오틴

- 최근 비타민P, B15, B17, U 등의 비타민 물질도 비타민에 첨가

비타민은 모두 중요하지만 특히 항산화 비타민으로 알려진 Vitamin C 와 E에 주목해야 한다. ⇒비타민C는 수용성이고, E는 지용성이라 체내에서 일하는 장소는 다르다. 불포화지방산의 산화를 막는 것이 비타민E이다.

코엔자임Q10

비타민E는 같은 지용성 기능 영양소 코엔자임Q10에서도 전자를 받아 부활할 수 있다. 코엔자임은 보효소의 의미로 효소의 기능을 보좌하는 역할을 한다. 코엔자임Q10도 항산화작용을 하며 비타민C가 파고들어갈 수 없는 지질 속에서 활약한다.

심장세포에 중요한 물질로 심장의 정상적인 기능에 필수적인 기능성 영양소이다. 이것은 당사슬에 필요한 단당류를 포도당 등에서 합성할 때도 필요하다.

Vitamin D

칼슘 흡수와 뼈의 침착에 필요한 비타민, 중년 여성에게 많은 골다공증 예방에 필수적이다. 자외선을 받으면 콜레스테롤을 재료로 피부에서 만들어지므로 햇볕을 자주 쬐는 사람은 필요량의 절반 정도를 보충할 수 있다.

폴리페놀

- 노화방지물질
- 과일이나 채소가 갈색으로 변하는 갈변반응의 원인물질이다.
- 붉은 포도주, 녹차, 깨, 사과, 우엉, 머위, 연근

핵산

- 노화방지 물질, 활성산소 억제, 신, 심, 뇌혈관세포를 보호한다.
- 콩류, 두부, 된장, 멸치, 고등어, 꽁치, 정어리, 조개류, 버섯류
- 간肝에서 핵산이 합성되지만 노화되면서 합성력이 떨어지므로 핵산을 함유한 음식을 섭취하여 활성산소의 피해를 줄여야 한다.

글루타치온

- 맥주 효모 등에 들어있는 성분으로 간의 해독작용과 지질생성을 억제하여 지방간을 방지

Vitamin B ,티아민

- 당대사에 관여
- 효모, 밀기울, 굴, 표고버섯

나이아신

- 비타민B복합체
- 뇌신경계, 소화기계, 피부질환의 회복을 돕는다.
- 커피, 돼지고기 살코기, 닭고기 껍질벗긴것, 생선

판토텐산B5

- 에너지 대사에 관여하며 항체형성 촉진
- 항스트레스 작용, 나트륨 배설 촉진하여 혈압을 강하
- 콩류, 견과류, 마, 현미, 보리, 간 등

옥사코사놀

- 전신의 신진대사 촉진, 지구력 증진
- 철새의 수만리 비행의 원동력
- 사과와 포도의 껍질, 밀기울, 밀베아, 쌀겨

Vitamin B12

- 신경섬유의 수초 형성에 관여하므로 신경계에 영향, 뇌졸증으로 인한 기억력 저하, 정신혼돈, 신경통 증세에 유효
- 조개류, 생선, 육류살코기, 달걀

비오틴

- 유황성분 함유 : 장내 미생물에 의해 합성. 동식물에 널리 분포, 특히, 신腎, 간肝에 다량 함유, 부족시 지방축적과 탈모현상이 일어남
- 달걀, 우유, 버섯류, 채소, 과일
- 당질영양소 : 탄수화물
- 세포가 의사소통을 하지 않으면 생명은 유지될 수 없다.

비만과 영양 관계

비만, 암, 각종 질병 예방을 위해서는 식사를 할 때 적당한 양의 셀레늄, 베타카로틴, 비타민C, E, 균형 있는 영양을 섭취해야 한다. 항산화성분이 기도 한 이 영양소들은 당근, 케일, 시금치, 방울양배추, 브로콜리, 해바라기씨, 순무에 많이 들어 있다.

지방은 결장암, 유방암과 밀접한 상호관련을 맺고 있다. 식사와 암에 대한 연결고리를 찾는다면 영양결핍과 지방의 구성상태이다. 비만은 인체 오장육부의 문제로 인해 발생되는 질환이므로 오장육부를 정상화시키는 기본적인 것은 균형있는 영양공급이며, 세포를 정상화시키는데 꼭 필요한 글리코영양소는 필수적인 영양소이다. 이 영양소는 효소작용을 원활하게 할 수 있도록 도움은 주기 때문에 이 영양소의 부족은 비만이나 각종 질환에 노출될 수밖에 없는 것이다.

지방 섭취량을 줄이기 위한 조리 방법

식품교환 단위 칼로리 표

- 군만두230kcal → 물만두140kcal
- 양념치킨290kcal → 프라이드치킨210kcal
- 오므라이스 1인분680kcal → 카레라이스 1인분520kcal
- 유부초밥 1인분500kcal → 김초밥 1인분140kcal
- 우동470kcal → 메밀국수220kcal

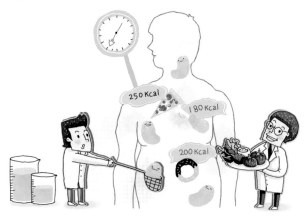

⏱ 조리방법에 따른 칼로리 표

식품	칼로리	식품	칼로리
찐 달걀	75cal	달걀 프라이	150cal
찐 감자	85cal	감자샐러드	110cal
감자전	200cal	감자크로캣	280cal
생굴(400g)	35cal	굴전	115cal
굴회	85cal	굴튀김	200cal
프라이드치킨 1쪽	340cal	양념치킨 1쪽	380cal
도가니탕(800g)	500cal	설렁탕(600g)	350cal

🔲 비만을 유발하는 식습관 변화

- 천천히 오래 씹어 먹는다.30회 이상
- 남이 먹을 때 따라 먹지 않는다.
- 70~80%만 섭취한다.
- 저녁 8시 이후에는 음식을 섭취하지 않는다.
- 화나거나 우울할 때 먹는 것으로 기분전환 하지 않는다.
- 짜고 기름지고 달게 조리한 음식은 피한다.
- 인스턴트식품, 가공식품, 캔 음료 등은 섭취하지 않는다.
- 가급적 간식은 피한다.

배고픔을 느낄 때

20분 정도 기다려라

충동적으로 먹고 싶은 욕망이 생길 수 있으므로 심호흡을 크게 하면 먹고 싶은 욕구가 사라진다.

둥글레차나 생수를 마셔라

갈증이 나는 것을 뭐가 먹고 싶은 것이라고 잘못 느껴질 수 있으므로 배고플 때는 둥글레차나 생수를 마시면 먹고 싶은 생각이 줄어든다.

먼저 채소를 섭취하라

식사할 때 칼로리가 낮은 야채를 먼저 먹어서 허기를 없앤 후 먹고 싶은 음식을 섭취하면 적게 먹을 수 있다.

건강을 위한 식사지침

- 단백질을 충분히 섭취
- 지방질은 총열량의 20% 섭취
- 술, 담배, 카페인 음료 절제
- 식생활과 일상생활이 균형 있게
- 뿌리음식을 많이 섭취
- 찬물이나 찬 음식의 섭취를 피하자

Chapter
17

비만치유와 단식요법

단식요법의 정의

단식이라 함은 일시적으로 음식섭취를 중단시켜 질병을 치료하는 방법을 말한다. 즉, 단순히 굶는 다는 것을 단식이라고 정의 한다면 단식요법은 굶음으로써 소기의 목적을 취하는 것인데 그 목적이 바로 건강의 회복인 것이다.

그러므로 단식요법은 무엇을 잘 먹고 건강해지겠다는 것보다 음식을 섭취하지 않음으로써 도리어 건강해지는 방법이다. 단식이 만병통치이거나 100% 성공한다는 보장은 없다. 굳은 의지를 가지고 끝까지 해내야 하는데 의지가 약해서 계획대로 실천하지 못하면 성공할 수 없다. 아무리 좋은 약도 잘못 섭취하면 문제가 나타나듯이 단식도 마찬가지다.

단식의 원리

단식 중에는 생리활동의 에너지를 외부에서 섭취하지 않기 때문에 체내에 저장된 영양에서 취하지 않으면 안 된다. 그래서 근육, 내장 등에 저장된 영양은 전신을 순환하는 혈액에 의해 운반되어 활동의 원동력으로 사용되며, 또한 조직 내에 축적되었던 각

종 독소-담음:痰飮까지 빠지게 되므로 전신조직내부가 청결하게 된다. 특히, 위는 음식물이 들어가지 않으므로 수축되어, 위확장, 위하수는 자연 회복된다. 장관 또한 비게되므로 수축하게 되어 장벽에 오랫동안 붙어있던 만병의 원인인 숙변이 제거된다.

특히, 결장은 분변의 정체로 인하여 장마비가 되고, 거대결장 혹은 과장결장을 일으키기 쉬우며, 이로 인하여 장중첩을 야기하는데 이들은 조변의 분리제거로 정상으로 축소하게 된다. 특히, 장의 멕켈씨 게실은 단식요법이 아니면 근본 치유할 방법이 없다.

자연치유력 향상

인간이 외상을 당하거나 질병이 발생하여서 괴로우면 먼저 입맛이 없어진다. 이것은 인간이 가진 자연치유력을 최대한으로 동원코자하는 생체의 한 자연반응으로 보아진다. 그러므로 식욕이 없을 때 음식을 끊는 것이 도움이 된다는 것이다. 우리가 알고 있는 상식은 질병으로 인한 체

력의 소모나 조직의 결손이 생겼을 경우에 이를 보충해 줌으로써 빠른 회복이 될 것이라고 생각하고 있으나, 이는 림프의 흐름을 탁하게 하고 백혈구의 활동을 저해하며, 면역체의 형성과 동원을 방해함으로써 질병에서 회복되는 경과를 지연시키는 경우가 많다는 것을 알아야 한다. 이것은 영양의 흡수와 동화를 위한 작업이 신체의 방어 및 해독, 배설 기능에 과중한 부담이 되고 또한, 흡수된 영양이 경우에 따라서는 대사과정에 있어서 인체에 유해하고 질병의 세력에 유익하게 작용할 수도 있다.

체내 독소 및 노폐물의 분해 및 해독

현대의 사람들은 피곤하다. 정신적인 노동을 요구하기 때문에 운동은 부족하고 피로는 쌓여가는 것이다.

피로는 몸에 노폐물이 축적되었을 때 생기는 일종의 가벼운 중독증상으로 모든 병의 전구증상이 된다. 노폐물은 한의학적인 측면에서의 담痰이라는 비생리적인 체액이다.

인간이 건강을 유지하고 생리적인 항상성을 지니고 살아갈 수 있다는 것은 생리적인 해독과 배설 기능이 이러한 독소나 노폐물을 잘 처리해주기 때문이다.

그러나 인간도 40대 이후에는 신진대사작용이 둔화되는데, 이것 또한 자연적인 현상이다. 더욱이 문명인은 자연법칙을 어기고 폭음폭식과 인스턴트식품 및 기호물의 남용과 날로 늘어가는 방부제식품의 섭취, 환경오염 등에서 받는 공해의 피해와 도시인의 안일한 생활은 운동부족까지 겹치게 되어 노폐물과 독소의 축적은 한층 더 증가하게 된다.

사람이 음식을 끊으면 먼저 이화작용과 배설작용이 항진하여 체내의 노폐물이나 독소의 배설이 잘되고 또한 체내에 저장되어 있는 지방이나 단백질이 소모되어 생리적인 열원으로 전환되기 때문에 이 때에 조직 속에 있는 노폐물이 배설되는데, 이 때 한의학의 한汗, 토吐, 하下 삼법三法의 방법으로 나타나는 것이 임상적으로 확실히 증명된다. 따라서 단식을 행하고 있는 사람의 옆에 가면 피부에서 발산하는 역겨운 체취와 구토를 발한다.

🔥 단식은 자기 개혁

단식은 음식을 끊는 것뿐만 아니라 마음도 끊는 것이다. 그러므로 신체적 정화뿐만 아니라 정신적인 정화도 해결할 수 있다. 1주간의 단식은 혈액을 정화하고, 2주간의 단식은 뼈를 정화하고, 3주간의 단식은 마음을 정화한다고 한다. 1주간의 단식이라도 자연적으로 혈액이 정화되고 골수가 정화되고 장이 정화되어 마음도 정신도 정화되어진다.

단식은 인간의 정신력을 단련하고 수양하는데 좋은 계기가 된다. 원만한 인격과 성격의 개조에 있어서도 단식 중에 적당한 암시요법으로 매우 좋은 성과를 거둘 수 있다.

🔥 단식과 영양대사

24일간의 단식으로 근육의 단백질이 전체의 30~40%정도 밖에 감소하지 않은 반면에 지방은 90% 이상 감소된다.

⏱ 미국 싱크리어씨가 발표한 24일간의 단식으로 피하지방 및 각 장기의 지방
소실 백분율

장기(臟器)	지방소실 백분율(%)
지방분(脂肪分)	97
비장(脾臟)	67
간장(肝臟)	54
고환(睾丸)	40
근육(筋肉)	31
혈액(血液)	27
신장(腎臟)	26
대소장(大小腸)	18
폐장(肺臟)	13
췌장(膵臟)	12
심장(心臟)	3
뇌수(腦髓)	3

일반적으로 단식 2~3일간이 체중이 3~4Kg이 줄고 5일까지 총 5Kg정
도까지 감소하지만 체중의 변동은 크게 나타나지 않는다. 10일이 지나면
다시 감소율이 다소 높아졌다가 15일이 지나면 또한 큰 변동 없이 5~6일
간 계속된다.

그러나 비만인은 10일간에 14~15kg까지 감소하는 경우가 있다. 이것은
피하지방의 소모가 많기 때문이다. 반면에 수척한 사람은 일주일간의 단
식 중 2~3일 동안 약 3~4kg이 감소 후 체중의 감량이 별로 없으며, 대개
1주일 후에는 약 5kg의 감소만 있다.

위에서 살펴본 데로 단식 중에는 인체의 지방이 많이 소비되고 그 다음
이 단백질이다. 에너지원은 체내에 축적되어 있는 지방이나 단백질을 이
용한다 하더라도 무기질이나 염분, 그리고 체외에서 매일 공급해야 하는
비타민이나 필수 아미노산 등의 영양을 공급하지 않을 경우에 생명이 위

험하지 않느냐 하는 의문이 야기될 수 있으나, 단식 중에는 모든 것이 생명의 신비한 힘에 의하여 자연 조절되어 영양의 평형을 이루기 때문에 외부적인 영양의 조절은 불필요하며 오히려 자연조절의 기능에 저해요소가 되어 영양실조에 빠뜨릴 수도 있는 것이다.

다만 류마티즘 등의 교원성 질환이나 퇴행성병변-간경변, 동맥경화증 등으로 오는 질병을 치료하기 위한 단식중에는 천연 Vitamin-C의 다량섭취가 필요하다고 하였다.

단식의 효과

혈액, 체액의 정화

단식 기간이 계속되면 최초의 3일이 경과한 후 인체는 체내에 축적되어 있는 물질에 의해 살아간다. 즉, 필요한 영양특히 단백질과 지방이 공급되지 않으면, 육체는 자가분해, 또는 자기소화를 시작하여 자기의 조직을 연소, 소화한다. 그러나 그 과정은 결코 불균형적이 아니라 아주 훌륭하게 잘 이루어지는데, 여기에 단식의 치료법으로서 또는 젊어지는 법으로서의 비결이 있다.

단식 중에는 노화되어 쓸모없는 조직과 세포를 분해시키는데 육체는 가장불순하고 하급물질인 죽은 세포, 좋지 않은 축적물, 종기, 지방, 노폐물 등을 소화시키며, 중요한 조직, 두뇌 등은 단식에 의해 손상되거나 소화되지 않는다. 이 때문에 오토 버킹거 박사는 단식을 가리켜 '쓰레기 처리', '찌꺼기 연소'라는 말로 표현하고 있다.

체질 개선

단식 기간 중에 노화된 세포와 병
에 걸린 조직이 분해되어 연소되고
있는 동안에 새롭게 건강한 세포의
발육은 촉진된다. 그 이유는 체내의
단백질은 항상 가변적인상태에 있

고, 항상 분해되고 재합성 되어 체내의 필요에 따라 재생되는 까닭이다.

해독으로 면역력 증강

단식 기간 중 폐肺, 간肝, 신腎, 피부皮膚 등의 배설기관의 배출, 정화작업
능력은 증진되고 축적된 대사 폐기물과 독성물질은 신속하게 제거된다.
단식 기간 중 소변중의 독소의 농도는 평상시 보다 10배나 더 높다. 이것
은 간장肝臟, 신장腎臟, 소화기관이 식이를 소화시킬 때 생긴 노폐물을 제거
해야 하는 평상시의 일에서 해방되고, 요산, 퓨린 등이 축적된 노폐물과
독성물질의 정화작업에만 집중할 수 있기 때문이다.

이 배출작업은 다음과 같은 전형적인 단식斷食의 증후로서 알 수 있다.
즉, 호흡이 가빠지고, 암갈색 소변, 관장에 의한 결장에서의 대량의 배설
물이 계속되는 상태, 분출물, 대량의 땀, 점액배출 등이다.

장기능 개선

단식은 소화기계의 생리적인 휴식을 준다. 단식 후 음식물의 소화능력,
영양물의 흡수능력은 많이 개선되고, 노폐물의 배설정체와 축적 등을 예
방할 수 있다.

두뇌가 좋아 진다

단식은 생리학상 가장 중요한 신경적, 정신적 기능을 정상상태로 안정시켜 신경조직은 소생되고 정신력은 개선된다. 분비선 조직과 호르몬 분비는 자극되며 촉진되고 조직의 생화학적인 미네랄의 균형도 맞게 된다.

단식의 적응증 및 금기증

누구나 어떠한 병증에나 단식을 시행하는 것이 올바른 것은 아니다. 환자의 전반적인 신체상황과 앓고 있는 질환疾患의 종류에 따라 적응증과 금기증을 나눌 수 있다.

적응증

- 만성위장병, 위하수, 위아토니, 위산과다, 무산증, 위 및 십이지장궤양초기, 만성 변비 등 소화기질환
- 비만증, 고혈압, 동맥경화, 당뇨병, 만성신장염, 류마티스, 신경통, 통풍, 천식, 축농증
- 거친 피부, 만성두드러기, 만성습진, 기미, 건선, 여드름, 주근깨, 사마귀, 갈 색얼룩점 등 피부병
- 갱년기 장애 및 각종 부인병
- 노이로제, 불면증, 두통, 견비통
- 회춘을 위한 장수법, 성욕감퇴, 성인병 예방
- 알러지로 인한 모든 질환
- 자율신경의 부조화로 인한 제반 질환

🦵 금기증

- 진행성결핵
- 말기암종 및 악성종양
- 심한 출혈성 궤양
- 심한 정신병
- 어린이, 노인, 임산부 및 기타 쇠약자
- 급성복통 및 기타 수술을 요하는 외과질환
- 급성전염병 및 폐혈증 혹은 출혈증
- 인슐린 주사를 6개월 이상 시행한 당뇨병 환자
- 관절염 등으로 스테로이드제제를 3개월 이상 복용한 자

🎴 단식 중에 금해야 할 일

- 음주, 흡연
- 성생활
- 약물
- 커피, 청량음료
- 화장품
- 칫솔질, 면도칼
- 과격한 운동

📋 단식의 기간

🦴 단식의 3단계

- 예비단식기_{감식기}
- 본단식기_{단식기}
- 회복식기_{복식기} + 식이요법기

🦴 단식 기간

- 예비단식기, 본단식기, 회복식기를 포함
  한다.
- 기간

  ① 예비단식기는 본 단식기간의 1~1/2
     일수
  ② 회복식기는 본 단식기간의 2배 일수
  ③ 식이요법 기는 본단식 일수의 6배 일
     수로 한다.
- 본 단식기는 3가지로 분류하는데 첫째 단기는_{4~6일}, 둘째 중기는 _{7~10일},
  장기는_{14~20일 이상}으로 한다.

⏱️ 단식기간 표

예비단식(豫備斷食)	본단식(本斷食)	회복식(回復食)	식이요법(食餌療法)
3~5일	5일	10일	30일
5~9일	9일	18일	54일
5~10일	10일	20일	60일

단식의 방법

단식은 무조건 장기간 일수록 좋다는 잘못된 생각에 의하여 체력한계를 무시하고 단식을 강행하면 조직의 감퇴와 더불어 생명력이 쇠퇴하기 때문에 병을 치료하는데 도움이 안 될 뿐만 아니라 오히려 무모한 체력소모만 가지고 온다.

단식을 시행함에 있어서는 심신을 정화하고 세속적인 것을 떠나 단식에 대한 굳은 신념과 확신을 가지고 단식에 임하도록 하여야 하며 또 단식요법은 본 단식보다 그 전후가 중요하다.

예비단식

예비단식은 치료과정으로서의 의의가 있으며 원칙적으로 본 단식 기간과 같은 시일을 요한다. 이 기간에는 점감식을 하여 체중의 급격한 감소와 이로 인한 체내의 급격한 반응을 방지하고 장 내용물의 부분적인 정체를 없애기 위하여 그에 필요한 보조치료를 수행한다. 그러므로 예비단식은 육체적, 정신적으로 단식에 견딜 수 있는 준비를 하는 기간이다.

이시기에 주의하여야 할 사항은 단식에 대한 예비지식을 완전히 습득하여 확고한 신념을 갖고 계획대로 시행한다.

체중, 신장, 복위의 측정과 특별한 병고혈압, 당뇨병 등이 있는 사람은 필요한 검사를 해야 한다.

단식 전 2~3주전부터 과식, 편식 및 일절의 약물을 금하고 음식을 골고루 섭취하여야 하며 금연, 금주하여야 한다.

단식 중 피부로 발산하는 악취를 흡수, 제거하기 위하여 속옷을 매일 갈아입을 수 있도록 준비하며 반지 귀걸이, 목걸이, 틀니, 브레지어, 거들 등의 착용을 금하며, 비누, 샴푸의 사용과 칫솔질, 이발, 면도, 손톱 및 발톱 깍기 등을 행하여서는 안 된다.

단식 중에는 과거자신의 생활환경, 부적절한 섭생과 약물로 인한 독소를 조직 내로부터 깨끗하게 청소하는 수단이므로 과거 지병의 재발 혹은 발진, 발열 등의 증상이 발현될 수도 있다.

- 병원에서 제공하는 이외의 약물을 복용해서는 안 되며, 1일 섭취량과 배설량의 균형을 맞추도록 한다.
- 예비단식부터 회복식 후 최소한 3주까지는 성행위를 금하여야 한다.
- 온열탕은 금하며 냉탕16℃ 내외 혹은 냉온욕을 하여야 하며 풍욕은 1일 3 회씩 실시하여야 한다.

⚒ 본단식

본단식은 외부로부터 일절의 음식물 섭취를 중단하는 기간이다.

본단식 기간의 결정은 병의 상태를 기준으로 판단하는 것이 아니고 전신의 건강 상태를 기준으로 결정한다.

본단식의 기간은 일반적으로 단기4-6일, 중기7-10일, 장기14-20일로 분류한다. 본단식 기간의 주의하여야 할 사항은 다음과 같다.

- 특별히 안정을 취할 필요는 없으며 30분-1시간 정도의 산보를 하는 것이 좋으나 과격한 운동은 피한다. 오관이 극히 예민해 짐으로 감정적인 것, 자극적인 것은 가능한 피하여 정신과 육체가 완전한 건강일

체가 되도록 한다.

- 냉온욕은 1일 1회, 물리치료는 1일 2회, 풍욕은 1일 3회씩 각기 시행한다.

- 미온수 22℃ 전후에 정량의 하제약을 혼합하여 고위관장을 매일 1회씩 시행한다.

- 냉온욕 후나 추울 때 난로, 온방 혹은 침구로 몸을 온열케 하는 것 보다 가벼운 운동, 일광욕, 면포마찰 혹은 따뜻한 타올 등으로 발을 따뜻하게 한다.

- 생수 및 감잎차를 조금씩 자주 마시되 따뜻하게 해서 마시는 것이 좋고 생수는 1일 1,000cc 이상 마시도록 한다.

- 단식의 목적은 숙변의 제거에 있으나 배출시기가 일정치 않아서 1-2개월 후에 배출되는 사람도 있으므로 걱정할 필요는 없다.

- 단식 중에는 명현반응 오심, 구토, 속 쓰림, 위통, 구취, 두통, 오한, 발열, 불면, 소양감, 국소동통, 어지러움 등이 발할 수 있으나 일시적 현상으로 일정한 기간이 지나면 소실되는데 이는 지방분해에 의한 자가중독증, 즉 acidosis 현상이다.

회복식

회복식기에는 소화, 흡수, 동화, 배설의 과정을 거쳐야만 정상과정으로 복귀되므로 열량 및 무기질의 공급에 무리가 있으며 체액의 평형이 파괴되어 순식간에 혈액 및 체액의 변조를 일으켜 심장, 신장에 장애가 생기고 소화기 계통에 과중한 부담을 주어 위장운동이 실조되고 말초순환장애가 일어나 수족 및 전신의 부종과 기타 위험한 증상이 일어날 수 있다.

단식 그 자체가 건강 및 치료수단이 아니며 회복식과 식이요법이야 말로 단식치료의 성패를 결정한다. 최소한 단식일 수의 두 배 이상 점증식을 수행하고 본 단식의 6배 기간 동안 섭생과 절제의 생활과 식염의 제한,

감미료, 지방, 인스턴트식품 및 기호식에 유의하여 그 질병에 따라서 균형 있는 식생활이 되어야 한다. 점증식은 처음에 소량의 유동식에서 시작하여 차츰 연식, 경식, 일반식으로 옮기는데 단식 전 식사량의 80%까지 증식을 한 후에 계속 이 수준을 유지한다.

단식의 보조요법

고위관장

고위관장의 목적은 숙변을 제거하여 장의 흡수와 배설을 용이케 하기 위한 것으로 대장으로 수분을 흡수시켜 조직에 수분을 공급하고 장내의 독소를 중화하여 변통便通을 촉진하는 것이다.

여기서 숙변이란 식물의 잔재가 장관에 장기간 정체되거나 장점막, 장 상피세포나 세균이 멸살한 것으로 특이한 자극성 냄새를 나타내며 흑갈색이며 끈끈한 변이다.

고위관장의 방법은 500~1,000cc의 미지근한 물25℃에 1%의 하제약을 혼합, 압력차를 이용하여 항문을 통하여 관장액을 장내에 서서히 유입시키는 것이다. 이때에는 환자에게 15~25분 정도 참았다가 배변하고 내용물의 성상과 색깔을 주시하도록 하며 상황에 따라 대변이 나오지 않는 수도 있으며 이는 수분이 흡수된 것으로 다시 관장한다.

냉온욕

냉온욕은 냉탕16℃ 내외 단, 병약자, 고령자, 순환계질환자는 20~25℃과 온탕42℃ 내외을 교대로 입욕하는 것인데 반드시 냉탕에서 시작해서 냉탕으로 끝나는 것을 원칙으로 한다.

이때 주의해야 할 점은 온탕의 온도가 높을수록 기분좋게 느껴지지만 43℃ 이상 높을 때에는 피부에 무리가 되므로 탕의 온도를 엄수해야 하며 입욕시에 비누 등의 합성세제를 사용하면 피부에서 합성되는 지용성 비타민 A, D의 손실과 피부과민 반응이 일어날 수 있으므로 주의하도록 한다.

입욕 횟수는 냉탕 5~6회, 온탕 4~5회를 원칙으로 한다.

냉온욕의 작용은 신경계반응으로 냉탕에서는 교감신경을 온탕에서는 미주신경을 자극하여 자율신경계의 조화를 유도한다.

순환계반응으로 냉온의 교대적 피부자극으로 인하여 순환을 촉진하게 되는데 냉탕에서는 말초혈관을 수축하고 온탕에서는 말초혈관을 확장하여 심장운동을 도와준다.

호흡계 반응으로 냉탕에서 심호흡을 하게 됨으로 폐호흡이 왕성하게 한다.

피부반응으로 피부에 대한 정화작용 및 탄력을 증진시키는 작용이 있어 신경쇠약, 류마티즘, 동맥경화, 고혈압, 당뇨병, 심장병, 만성위장병, 간장병 등의 질환 치료에 응용될 수 있다.

풍욕

피부의 기능은 인체를 외부로부터 보호하는 성곽인 동시에 체온조절, 호흡작용, 배설작용, 비타민C 합성 및 영양소의 저장에 이르기까지 인체의 건강과 직결되는 중요한 기능을 한다.

문명이 발달함에 따라 피부의 기능이 점차 약화되어 여러 가지 질병의 원인이 되고 있다. 풍욕의 목적은 퇴화된 피부의 기능을 풍욕을 통하여 부활, 보강시키고 단식 중에 체표로 발산하는 독소의 배설을 촉진하며 피부호흡을 통한 산소의 공급을 충분히 하지여 조직세포의 기능을 왕성케 하는 것이다.

풍욕의 방법은 완전히 탈의한 후, 담요를 벗었다 덮었다 하면서 그 시간20초, 1분을 점차 늘려나가는 것2분, 2~3분으로 해뜨기 전과 해진 후에 하는 것을 원칙으로 하고, 식사 전후 30~40분의 간격을 두며, 목욕 후에는 1시간 이상의 간격을 두는데 1일 3회 실시하는 것이 좋다.

🦴 복부 된장찜질

된장의 효소작용으로 단식 중 장운동을 촉진시켜 숙변宿便을 제거하여 장마비증이나 장의 이상 운동을 예방한다.

그 방법은 된장을 약간 따뜻하게 하여 배위에배꼽과의 직접적인 접촉을 피함 올려 놓은 후 1~3시간 정도 계속 더운 물수건이나 핫팩 등으로 가온해 준다. 특히, 위장병胃腸病 환자에게는 쑥을 사용하면 더욱 효과가 좋다.

🔲 단식 중 식이요법

🦴 감잎차

감잎에는 비타민C가 풍부하여 귤의 몇 배에 이르며 또한 일반차는 강한 알카리성으로 불면증을 가져오나 감잎차는 산성이어서 불면이 되지 않는 이점이 있다. 감잎차를 만드는 방법은 비타민C가 열에 약하므로 직

접 끓이지 말고 금속용기가 아닌 그릇에 한 움큼의 감잎을 넣고 더운 물을 부어 20~30분 우려낸 후 마시도록 한다.

생수

인체의 70%는 수분으로 되어 있어 수분공급이 부족하면 혈액의 점도가 진하고 탁하여 순환이 잘 안되므로 단식요법 중에는 감잎차 및 생수를 많이 공급하게 한다.

생수를 마시는 요령은 기상 후, 취침 시 그리고 식사 때마다 한 두 컵씩 마시고 그 밖의 시간에도 30분마다 30cc씩 조금씩 자주 마시도록 하며, 한꺼번에 많이 들이키지 말고 한 모금씩 입안에 머금었다 자기 체온만큼 되었을 때_{약 3분후} 삼키는 것이 좋다.

생야채즙

아무리 좋은 음식을 섭취하더라도 체내 신진대사과정의 화학반응을 쉽게 도와주는 여러 가지 효소가 부족하면 오히려 조직의 생명현상은 더욱 저하되고 빨리 노화현상을 일으키게 된다.

생야채즙은 흔히 녹즙이라고 하는데, 생명의 모체인 자연의 대지에서 여러 가지 효소를 풍부히 흡수, 정장하고 있는 식물을 가열치 않고 생식함으로써 엽록소를 통하여 풍부하게 함유하고 있는 태양광선에너지 및 여러 가지 무기질을 직접 섭취하게 되어 체내 전리현상의 이상적인 평형을 유지할 수 있다.

재료로는 당근, 양배추, 미나리, 오이, 토마토, 시금치, 무, 샐러리, 케일 등으로 상치나 쑥갓은 즙을 내지 않고 통채로 먹는 것이 효과적이고 무는 잎과 뿌리를 다 쓸 수 있다.

⑩ 아침을 먹지 않는 이유는 생리상으로 오전 중에는 배설기관이 일을 하게 되고 소화기관은 쉬게 되어 있기 때문이다.

♀ 회복식의 주의사항

· 보조요법(냉온욕과 풍욕)을 실시한다.

· 감잎차 및 생수, 생야채즙을 복용한다.

· 인스턴트식품, 육류, 밀가루음식, 기호식품 및 자극성음식물을 피하며 나물 류 및 채소류를 많이 섭취한다. 특히, 과음, 과식을 삼가 한다.

· 충분한 운동과 적절한 휴식을 취하며 무절제한 생활을 금한다.

· 화장품 및 세제의 선택에 있어 주의를 기울여야 하며, 최소 2주일 후부터 사용 하도록 한다.

· 자신의 체중 및 신체반응에 주목하며, 질병에 이환되었을 때에는 함부로 약물 을 남용하여서는 안 되며 담당의사와 상의하여야 한다.

📅 단식 중의 반응

☇ 오심, 구토

🍲 원인

비위의 습담濕痰, 장내숙변 및 신경성 등의 이유로 인한 것이며 단식으로 장운동이 항진되어 습담, 숙변 등이 배설되려는 과정으로 대부분 본 단식 3~4일 중에 많이 발현되며 비만한 사람에게 많다. 특히, 구토는 대량의 숙변이 분리됨으로써 일어나는 일시적인 장폐색으로 오는 수가 많다.

🍵 치료

지압, 결명자차, 생강대추차 섭취, 붕어 운동 등으로 대처한다.

🍶 속쓰림

🍵 원인

위가 공허해짐으로 위액이 위벽을 자극하기 때문이다. 특히, 급격하고 예리한 속쓰림은 위장출혈이 의심되므로 혈압의 측정과 하안검, 손톱, 입술, 배변색 등의 허혈상태를 면밀히 검진하여야 한다.

🍵 치료

수분섭취를 충분히 하도록 한다.

🍶 두통

🍵 원인

혈중 노폐물의 배출이 용이하지 못하므로 발현된다.

🍵 치료

지압을 시술하고 발열이 동반될 때에는 냉찜질을 실시하며 복통을 동반하면 관장을 시행한다.

구취

원인

구취는 이화작용과 배설작용이 항진되어 체내의 노폐물이나 독소의 배설이 원활하게 이루어지고 있음을 뜻한다.

치료

회복식과 더불어 점차 소실되므로 특별한 처치가 필요없다.

오한

원인

에너지원의 부족으로 인하여 발생한다.

치료

회복식과 더불어 점차 소실되므로 특별한 처치가 필요없다.

피부발진

원인

단식 중 체내의 노폐물이 한의 방법으로 배출되면서 대퇴부, 팔, 엉덩이 등에 발진이 발생할 수 있다.

치료

가려워서 긁기 쉽지만 긁지 않도록 해야 한다. 약도 바르지 말고 냉수로 자주 닦아 주거나 소금물을 발라 주어야 한다. 냉온욕 , 풍욕을 통한 발한의 촉진이 도움 될 수 있다.

하혈

원인

단식 중에 하혈이 있거나 장농혈이 배설되는 것은 장이 치유되는 과정에서 일어나는 현상이며, 여성들은 대게 단식 일주일 경에 많은 하혈을 하게 된다.

치료

이것 역시 자궁 및 기타 부분의 이상이 정상으로 회복되는 징후이다.

체중감소

원인

예비단식 및 본 단식 기간에 체중이 현저히 감소하는데 이는 체내에서 수분이 적극적으로 배출되어 탄수화물의 예비 특히 간장 내의 글리코겐이 왕성하게 소비되기 때문이다.

치료

탄수화물 비축물이 상대적 이화가 끝나면 체중은 그리 심하게 감소되지 않는다.

🦴 소변량 감소

단식 초기에 소변량이 감소하는 경우가 있는데, 이는 단식에 의한 뇌하수체후엽에서의 항이뇨 호르몬 증가로 소변량 감소를 나타내다가 중기 이후에는 정상으로 회복된다.

🦴 공복감

🐾 원인

음식을 먹지 않으니 공복감이 생기는 것은 당연한 것이다. 혹은 예비단식을 소홀히 했을 경우이다.

🐾 치료

생리적인 공복감은 본 단식 2~3일 이면 사라지는 것이 일반적이다. 하지만 심리적인 원인이 깊게 관여하여 공복감이 계속 남을 경우 "안 먹는 것이 좋다.", "한 달은 안 먹어도 살 수 있다." 등의 자기 암시요법을 실시하는 것도 좋은 방법이다.

🦴 탈력감과 피로감

🐾 원인

탈력감과 피로감은 공복감과 함께 오는 경우가 많이 있다.

🐾 치료

탈력감과 피로감이 계속되다가도 본 단식 5~6일 경부터는 오히려 심신이 상쾌해지는 경우가 많이 있다. 단식요법의 이해와 자신감을 가지고 단식에 임할 수 있도록 환자지도를 해야한다.

🍲 수면시간의 감소

🍵 원인

단식은 정신적 각성과 영성의 획득을 통하여 수면시간이 감소되기도 한다.

🍵 치료

이는 결코 수면 부족이 아니므로 몸이 피로를 느끼지 않는 경우가 많다.

🍲 소변의 혼탁

🍵 원인

일반적으로 단식 중에는 소변이 혼탁해지고 냄새도 몹시 나는데, 이는 체내의 노폐물이 배출되기 때문이다. 따라서 체내에 노폐물이나 독소가 많이 있던 사람일수록 심하다.

🍵 치료

생수를 많이 마시도록 한다.

🍲 설태의 발생

🍵 원인

체내의 독소와 노폐물이 배설되면서 입안에서 악취가 나고 설태가 끼게 된다. 위장이 좋지 않은 사람일수록 심하다.

치료

노폐물의 배설과정에서 나타나는 명현반응이고 오히려 식욕을 없애주기 때문에 내버려 둔다.

Chapter

18

이미지 트레이닝 다이어트

이미지를 심상心像이라하며, 심상은 우리의 모든 감각을 동원하여 경험한 것을 떠올리거나, 새로운 상像을 만드는 것이라고 정의 할 수 있다. 심상을 청소년들이 이해하기 쉽게 풀이하면 머리 속으로 그리는 영상映像이라고 말할 수 있다. 그런 의미에서 이미지 트레이닝은 영상훈련이다.

영상훈련은 자기의 연습하는 모습을 머리 속에 그리면서 동작을 익히고, 실제로 자신의 모습은 떠올리면서 분위기와 그 상황을 극복하는 훈련을 하는 것이다.

언뜻 생각하면 그게 무슨 도움이 될까하는 의심이 가지만 이미 스포츠 과학화를 부르짖는 선진국에서는 선수들의 기량을 높이고 자신감을 북

돋우는 방법으로 폭넓게 사용하고 있다.

특히, 스키나 자동차 경주처럼 빠른 경기는 순간적으로 위험한 상황을 헤쳐나가야 하므로 고도의 기술과 '나는 할 수 있다'는 자신감이 필수조건이다. 자신감을 높이기 위하여 위험한 순간을 무난히 통과하는 모습, 최고의 기록으로 골인하는 모습을 상상하면서 이미지 트레이닝을 한다.

자신감이 넘치는 선수는 어떠한 역경에 처하더라도 무난히 위기를 극복하지만 자신감이 없는 선수는 어느 한 순간에 무너진다. 자신감은 과거의 좋은 경험과 기록에 의하여 생기는데 좋은 기록이 없는 선수는 늘 불안하다.

실패가 계속되면 자신감은 점점 줄어들고 불안과 초조로 시달리게 된다. 이런 경우 이미지 트레이닝으로 과거의 나쁜 기록을 지워버리고 그 자리에 좋은 이미지를 심어 성공의 기쁨을 느끼도록 하면 자신감이 살아나고 새로운 용기가 생겨 좋은 결과를 얻을 수 있다.

🎴 이미지 트레이닝의 원리

적극적인 이미지를 마음속에 계속해서 심으면 그것들이 결국 현실로 나타난다는 원리이다. 이미지 트레이닝은 인간의 잠재능력을 개발하는 능력개발 프로그램이다.

이미지 트레이닝은 나의 잠재능력을 믿고 그것을 개발하고자 하는 확실한 의지가 있다면 그 효과는 엄청나다.

🎰 이미지 트레이닝의 효과

- 잠재능력 개발 기술 및 매네이지먼트
- 자신감 향상
- 집중력 향상
- 감정조절 능력 배양
- 스트레스를 해소

정신도 신체처럼 훈련을 통하여 그 기능이 향상된다. 정신은 두뇌라는 물질에 기반을 두고 파생되었지만 두뇌에 의해 지배되는 수동적인 기능은 아니다.

정신은 두뇌의 활동과 반응을 좌우하고 조절할 수 있는 능동성을 가지고 있다. 그렇기 때문에 누군가는 마음에 끌려 다니며 살아가지만 또 다른 사람들은 마음의 주인이 되어 살아가고 있다. 마음을 훈련하여 익힌다면 마음의 주인이 되어 인생을 능동적으로 살아갈 수 있다.

🎰 뇌는 정신 훈련을 통해 강화할 수 있다.

뇌의 발달은 아동기에 끝나는 것이 아니라 전 생애를 걸쳐 이루어진다. 그러므로 우리는 전 생애를 거쳐 발달하고 성장할 수 있다.

뇌는 고정된 시스템이 아니라 환경과의 상호작용을 통해 변화하는 가소성可塑性 있는 조직이다. 즉, 뇌는 기본적으로 새로움과 변화를 추구한다.

강력하거나 반복적 자극이나 경험은 뇌에 흔적을 남기게 된다. 즉, 신경

세포간의 연결을 강화시킨다. 특히, 뇌는 현실적 경험 뿐 아니라 가상의 경험을 통해서도 신경 네트워크에 영향을 미친다. 그러므로 우리는 정신훈련을 통해 신경 네트워크의 연결을 강화시키거나 혹은 약화시킬 수 있다.

뇌는 세상을 받아들이는 일정한 지각과 인식의 패턴 즉, 마음의 틀이 있다. 우리는 자기성찰과 훈련을 통해 마음의 틀을 바꿀 수 있으며 이에 따라 우리의 지각, 반응, 행동도 변화시킬 수 있다.

> ### 📍 뇌가소성(Brain Plasticity)이란?
>
> · 뇌가소성은 두 가지 의미가 있다. 하나는 뇌 손상 후 뇌는 자체적인 변화와 적응을 통해 잃어 버린 기능을 어느 정도 회복한다는 회복가소성의 의미와 또 하나는 새로운 경험과 환경을 통해 뉴런의 시냅스가 강화되거나 약화되어 기능과 구조의 변화가 이루어지는 적응가소성을 말한다. 이러한 적응가소성은 주로 대뇌피질에서 이루어진다.
>
> · 뇌가소성이 중요한 이유는 환경과 후천적 노력이 선천적 재능만큼 중요하다는 것을 입증해 주는 것이며 어떤 불행한 과거를 가졌다 하더라도 우리는 이를 극복하고 변화시킬 수 있는 가능성이 있다는 것을 말해주기 때문이다.

🏋 맨탈 패러다임

맨탈 패러다임은 삶을 살아가는 정신태도를 결정하는 심층심리구조이다. 이는 성장, 회피, 경쟁의 3가지 패러다임으로 나뉜다.

성장하는 과정에서 어느 한편에 고정되어 있기보다 시기나 상황에 따라 이동되어지기도 하지만 나이가 들수록 과거의 경험이 쌓이면서 어느 한 가지 주된 패러다임을 갖고 살아가기 쉽다. 이러한 맨탈 패러다임이 형성되는 과정은 개인의 기질적 특성, 부모의 양육태도, 사회문화적 환경과 교육, 과거의 경험 등이 총체적으로 작용하여 만들어지게 된다.

회피 맨탈 패러다임을 가지고 있는 사람들은 잃지 않고 안전하게 살아가는 것이 중요하기 때문에 스스로 능력을 제한하고 도전하는 것을 기피한다.

경쟁 맨탈 패러다임을 가진 사람들은 다른 사람들을 이기는 것이 중요하기에 숫자적인 성공에 매달리고 타인을 따라잡기 위해 급급하다.

성장 맨탈 패러다임을 가진 사람들은 자신의 본성과 독특함에 주목하고 이를 지속적인 노력을 통해 실현시켜나가는 자기 실현형 인간이다.

질병의 예방이나 치료 비만관리에 중요한 것은 정신훈련을 통해 성장 맨탈 패러다임을 가질 수 있도록 훈련하여야 한다.

⏱ 주요 맨탈 패러다임

	성장	회피	경쟁
의식의 초점	배움, 성장	문제, 안전	대결, 승리
능력의 관점	향상	고정	향상
목표	학습	안전, 목표부재	대결
도전	능동적(위험관리)	수동적(현상유지)	공격적(위험관리 소홀)
사고습관	~하고싶어	하면안돼	~해야 해!
장애물	효과적으로 넘어서기	빨리 포기	정면 돌파
실수나 실패	숙달을 위한 통과의례	좌절과 포기	비난과 원망
비판의 반응	합리적 수용	자기비난	공격
타인의 성공	영감과 모델링	선망과 체념	시기, 질투
관계	상호긍정	부정, 자기부정	자기긍정, 타인부정
사랑	주고받음	희생 또는 거절	지배, 집착
관점	낙관주의	비관주의	과잉낙관주의

🗿 정신태도

맨탈 패러다임은 삶의 태도를 결정한다. 살아가는데 재능 못지않게 태도가 중요하다. 실력은 재능보다 태도에서 기인한다고 볼 수 있다. 태도란 상황과 자극에 대한 반응의 준비상태이다.

똑같은 상황과 자극이라 하더라도 태도에 따라 반응은 큰 치이기 난다. 그러므로 삶의 차이는 태도의 차이이다. 성장 패러다임을 가진 사람은 성장 지향적 삶의 태도로 살아간다. 성장 지향적 태도를 지닌 사람만이 난관을 이겨내고 불행을 통해 성장하여 자기실현의 삶으로 나아갈 수 있으므로 항상 성장 지향적 사고를 가지는 것이 중요하다. 항상 감사하는 마음과 헌신하는 마음으로 삶의 태도를 바꾸는 것이 중요하다고 할 수 있다.

🎛 멘탈 트레이닝

운동을 하는데 기본이 중요하다 순발력, 근력, 지구력 평형능력, 유연성 등 이러한 기초 체력이 잘 발달되어 있으면 능력을 향상시킬 수 있다. 정신훈련도 비슷하다.

🗿 기본정신훈련

🐿 마음 바꾸기

부정적 기억을 떠나보내고 부정적 신념을 긍정적 신념으로 전환하며, 마음과 자아와의 비동일시를 통해 마음을 훈련한다. 동양의 명상요법으로 마음과 자신의 새로운 관계 맺기를 통해 부정적인 마음에서 벗어나는 훈련이다.

심상훈련

이미지는 언어 이전의 정신활동 매개체로 심층의식과 내적욕구를 언어보다 더 잘 반영하기 때문에 중요한 변화의 도구가 된다.

심상훈련은 오감을 통해 이미지를 반복·재현하므로 뇌로 하여 잠재적 패턴화를 만들어 현실적 수행능력과 내적 안정감을 높이는 훈련이다.

이는 스포츠 분야에서는 심리기술훈련으로, 의료분야에서는 암 치료 등, 대체의학에서 이미지 치료로 이용되고 있고, 자기계발 분야에서는 고전적인 시각화에서 현대적인NLP기법까지 활용되고 있다.

이완 및 명상훈련

긴장과 이완의 균형, 스트레스 회복의 균형이 이루어질 때 최고의 몰입과 집중력을 발휘할 수 있다. 내적 성숙이 기본이 되지 않는 외적 성취는 성장이 아니며 자기의 상실로 나갈 수 있다. 멈춤과 성찰로 내적 중심을 강화함으로 균형과 집중의 능력을 키워야 한다.

이미지 트레이닝

이미지와 현실의 유일한 다른 점은 자극의 원천, 즉 데이터뿐이다. 현실은 머리 밖에서 오고, 이미지는 안에서 온다. 그러므로 시각화를 하고 실행에 옮기는 것은 사실 두 번 체험하는 것을 의미한다. 하지만 정말 두 번 체험하기 위해서는 떠올리는 이미지가 생생해야 한다. 생생하지 않은 이미지는 힘이 없고 체험이라 할 수 없다. 생생한 이미지만이 가상체험이 된다.

대비가 이미지를 돋보이게 한다.

시각의 경우는 보색을 이용한다. 눈부신 백설 위에 검은 그림자를 떠올리거나 검정 바탕에 노란색 바나나를 연상해본다.

오감을 동원하라

오감을 동원하여 많은 감각비트를 불러일으킬수록 입자수가 늘어나 강화된다. 사람에 따라 감각이 강한 부분이 있고 약한 부분이 있기 마련이다. 자신이 강한 감각을 적극적으로 활용한다.

항상 구체적으로 떠올려라

그러기 위해서는 자신이 원하는 바를 명확히 알아야 한다. '나는 음식 조절을 잘 할 수 있다.'와 같은 모호한 표현이 아니라 어떤 '음식물'인지 정확하게 파악하고 언급하는 것이 필요하다.

과거의 감각 경험을 결부시켜라

그 감각 데이터 뱅크에서 데이터를 새로이 결합시키고 새로운 순열로 바꾸어 놓을 수가 있다. 이미지를 창조하려면 창조에 필요한 감각에 초점을 맞추어 실제로 그런 경험을 한 장면을 생각해낸다. 마비감을 일으키기 위해서 오른손을 차가운 눈 속에 넣었다고 이미지화하고 싶은데 잘 되지 않는다면 실제로 얼음을 손에 들고 연습하라. 조금 전에 체험한 감각이 가장 재현하기 쉬운 법이다.

이완하라

이미지를 억지로 만들려고 버둥대서는 안 된다. 이미지는 이완이 될수록 잘 떠올려진다. 이미지로 무엇을 얻으려고 목표에 집중하지 말고 모든 주의를 이미지와 관련된 감각 그 자체에 돌린다. 비록 이미지가 약해도 여러 가지 문제를 극복하는데 도움을 받는다. 잠깐의 릴렉스 상태가 되어 나름대로의 이미지가 감지되면 도움이 된다. 중요한 것은 이미지가 아니라 이완이다. 기대가 없으면 불안도 없다. 불안이 없으면 모든 것이 잘 되는 것이다.

반복하고 연습을 할수록 리얼해진다.

나의 경우에는 너무 심상능력이 부족해서 나와 맞지 않다고 생각했지만 다른 사람의 변화를 보면서 심상능력을 발달시키고 싶었다. 그래서 늘 '어떻게 하면 심상능력을 발달시킬 수 있을까?'를 고민하였고, 그 결과물이 '오감을 이용한 일기쓰기'였다. 6개월이 넘어서자 심상능력은 비약적으로 발전했고, 나는 그 경험을 담아 '오문오감 변화일기'를 굿바이 게으름의 부록으로 만들었다.

나보다는 타인, 타인 보다는 사물이 더 잘 떠오른다.

당신이 살고 있는 방의 풍경부터 떠올려보라. 그리고 사람을 떠올리면 친숙한 사람의 친숙한 행동부터 떠올리는 것이 더 선명한 이미지를 얻어낼 수 있다. 쉬운 것부터 떠올리고 점점 어려운 것을 떠올려본다.

마음속으로 질문을 던지면서 떠올려본다.

예를 들어, 문을 떠올린다면 '문손잡이가 어디 있지?' '문은 어떤 색깔이지?'라고 떠올린다. 코끼리를 떠올린다면 '코끼리 코가 위를 향해 있나? 아래를 향해 있나?' 혹은 '코끼리 꼬리가 오른쪽에 있나? 왼쪽에 있나?' 하며 질문을 던지면 보다 더 구체적으로 떠올릴 수 있다.

🪨 무無를 체험하면 상상력을 높일 수 있다.

시각지극이 존재하지 않으면 보다 선명한 환각이 떠오른다. 탁구공으로 눈을 가려 흰 시야만을 보는 상태를 '간즈펠드ganzfeld'라고 한다. 상상으로 이 장을 만들어 보다 선명한 환각 혹은 이미지화가 가능하다. 이미지를 만들기 전에 한 점의 얼룩도 없는 하얀 시야를 상상한 후 이미지를 그려보라. 시각경험이 없어지면 다른 감각이 살아난다. 맛과 향, 촉각과 소리를 훨씬 강렬하게 경험할 수 있다. 눈을 감고 맛을 보거나 눈을 감고 길을 걷거나 눈을 감고 서 있어 보아라.

🖼 이미지 트레이닝 훈련

🪨 기초 훈련

🫖 시각 훈련

다음과 같은 알파벳을 보라. a, b, e, h, r 이제 눈을 감고 차례로 각 알파벳의 대문자를 떠올려 보라. 각 대문자에 곡선이 있는지 없는지를 결정하라. 몇 개가 곡선이 있는가?

하얀 바탕의 보드를 떠올린다. 까만 원, 녹색 네모 등 도형들을 떠올려본다. 도형과 바탕의 경계를 살피며 그 크기를 축소시키거나 확대시켜 본다.

🍵 청각 훈련

눈을 감는다. 잠깐 동안 부모님 중 한분의 목소리를 떠올려 본다. 이번에는 그 목소리를 소리 내어 말해본다.

🍵 원근 훈련

현관문을 열고 집을 나선다. 무엇이 보이는지 살펴본다. 버스가 다니는 큰 길까지 걸어간다. 저기 건너편에 버스가 서 있다. 도로가 넓어 당신이 탈 버스인지 아닌지는 아직 모른다. 횡단보도를 건너 버스를 향해 점점 가까이 다가간다. 점점 가까워지면서 버스의 번호표가 이제 한 눈에 들어온다.

🍵 촉각 훈련

사포를 떠올린다. 사포가 손위에 올려있다고 상상한다. 먼저 사포의 거친 면을 손으로 만져본다. 사포를 뒤집어 반질반질한 면을 손으로 만져본다.

🍵 종합 훈련

눈을 감는다. 식탁에 앉아 있다고 상상한다. 식탁에 앉아 싱크대를 바라본다. 싱크대를 서서히 확대한다. 이번에는 싱크대로 다가가 물을 튼다. '쫙'하고 쏟아지는 물줄기를 보며 손을 씻는다. 손에 와 닿는 물의 느낌을 경험해본다. 목이 마르다. 이번에는 냉장고로 움직인다. 문을 열어 냉장고 안을 바라본다. 여러 가지 음료와 과일이 보인다. 무엇을 고를 것인가? 야채 칸에서 사과를 고른다. 손에 쥐어지는 사과의 느낌은 어떤가? 사과를 하나 꺼내들고 다시 식탁에 앉는다. 사과를 바라본다. 사과의 색깔, 껍질에 난 흠, 사과의 광택을 본다. 과도로 사과를 깎는다. 양손의 근육을 잘 이용하여 껍질이 균일하게 깎아 나가도록 힘 조절을 하고 주의를 기울인다. 당신의 손 안에서 사각사각 소리를 내며 깎여 가는 사과를 본다. 껍질과 속살의 색깔을 비교해본다. 이제 사과를 먹어본다. 한 입 배어 문다. 입안 가득 단맛이 풍기는 사과의 즙, 아삭 아삭 씹히는 소리, 목으로 넘어가는 느낌 등을 경험해보라.

🦴 응용 훈련

🍲 예제_ 기억력과 이미지

아래 단어들을 두 번 읽고, 이 단어들을 기억해보아라. 이 단어들을 읽고 난 다음, 책을 덮고 몇 개나 기억할 수 있을지를 알아보라.

> 인형, 의자, 모자, 달력, 자동차, 우산, 볼펜, 화장지

이제 두 번째 리스트의 단어를 읽어보아라. 이번에는 단어를 읽으면서 마음속에 그 물건을 떠올려 보아라. 한번만 읽되, 각 물건의 이미지를 마음속에 확실하게 그려보아라. 이번에는 몇 개나 기억할 수 있을지를 체크해본다.

> 테이프, 장갑, 볼펜, 기차, 고양이, 독수리, 가방, 해

이미지 트레이닝의 연습

영상훈련을 할 때 마음속의 이미지는 실제 이미지와 똑같을수록 좋다. 막연하게 떠올리는 것이 아니라 선명하고 뚜렷하게 그때 그것의 느낌까지 재연 하는 것이 바람직하다. 처음부터 선명한 영상을 만드는 것은 쉽지 않으므로 처음엔 주변에서 자주 보아오던 자기 집의 모습이나, 깊은 인상을 받았던 영화, 잊지 못하는 추억 등을 떠올리는 연습을 한다.

🐾 조용히 눈을 감고 자기 집 거실에 앉아있는 자신의 모습을 상상한다.

• 벽면을 둘러보고 어떤 그림이 걸려 있는지 자세히 살펴본다.
• 바닥을 보면서 무엇이 있는지? 카페트의 촉감도 느껴본다.
• 무슨 소리를 들을 수 있는지? 오디오의 소리, TV소리 등 소리를 차례로 들어본다.
• 모든 감각 -오감-을 동원해서 자세하게 느껴보자

🎞 이미지 컨트롤

의식의 초점이 문제 중심적으로 흐르거나 부정적 마음에서 잘 벗어나지 못할 때 다음과 같이 이미지 훈련을 통해 의식을 소망 중심적이고 해결중심적인 마음으로 바꾸어 나간다. 효과적으로 하기 위해서는 이완이 비교적 잘 되는 자기 전에 하는 것이 좋다. 편하게 잠들기 전에 이미지 트레이닝을 하면서 잠이 들어도 좋다.

순서_ 자기격려

• 1단계 안정 이미지 : '나는 편안하다.'와 같은 자기격려
• 2단계 플러스 이미지 I 미래 : '기분이 좋다. 즐겁다.'는 자기격려
• 3단계 플러스 이미지 II 과거 : '할 수 있다.'는 자기격려
• 4단계 플러스 이미지 III 가까운 미래 : '잘 하고 있구나!' 자기격려

위 순서대로 이미지를 떠올려나가고 다른 이미지로 바꾸기 전에 자기격려를 한다. 특히, 유념해야 할 것은 모든 이미지를 떠올릴 때는 시제와 상관없이 현재 그 장면 속에 자신이 들어있다고 생각하고 오감을 이용하

며 생생하게 떠올리는 것이다. 각각의 이미지를 떠올리는 요령은 다음과 같다.

1단계 안정 이미지

자신이 과거에 즐겁고 편안하고 아무런 걱정이 들지 않았을 때를 떠올려본다. 중요한 것은 '편안함'이고 이미지를 체험히고 나서 지기격려를 한다. 각자 자신만의 안정 이미지 목록을 만들어본다.

안정 이미지 목록

- 아주 잘 마른 이불을 덮고 자고 있는 모습
- 사랑하는 사람과 함께 했던 순간
- 따뜻한 물속에서 느긋한 상태로 있을 때
- 풀 냄새를 맡으면 풀밭 위에 누워서 하늘이나 구름을 바라볼 때
- 우주를 유영하고 있다고 상상하는 모습
- 따뜻한 난로 앞에 앉아 약간 졸음이 오고 몸이 나른해질 때
- 아주 청명한 공기로 가득 찬 숲 속을 거닐 때
- 꽃잎이 떨어지는 나무 아래 앉아 있을 때
  - 예 자기격려 : '나는 점점 더 편안해지고 있다.'

2단계 플러스 이미지 I 미래

현재의 문제에서 벗어나 원하는 삶의 모습으로 살아가는 자신의 모습을 떠올리며 그 안으로 들어가 본다. 관건은 즐거움이 묻어날 수 있도록 상황을 설정하고 이를 즐기는 것이다. 2단계의 핵심은 '즐거움'이다.
  - 예 자기격려 : '내가 ~을 하니 참 기쁘다.'

3단계 플러스 이미지 Ⅱ 과거

2단계 원하는 삶의 모습을 살아가기 위해 필요한 정신적 자원이 무엇인지 떠올려본다. 예를 들면, 다이어트를 하는 중이라면 '끈기'와 같은 정신적 자원을 들 수 있다. 그렇다면 자신의 과거에서 끈기를 발휘했던 어떤 경험을 찾아 그 경험 속으로 깊이 들어가 본다. 이때 중요한 것은 자신의 능력에 대한 '자신감'을 체험하는 것이다.

⑩ 자기격려 : '나에게는 성공할 능력이 있어'

4단계 플러스 이미지 Ⅲ 가까운 미래

원하는 소망목표를 위해서 지금 해야 할 일을 떠올리며 미래의 즐거움과 과거의 자신감을 가진 채 당면의 일을 열심히 해나가는 자신의 모습을 떠올린다.

⑩ 자기격려 : '나는 ~을 잘 하고 있다.'

평생의 숙제 다이어트

다이어트 프로그램 계획

📅 다이어트에서 가장 우선적으로 해야 할 일

🔺 비만의 원인과 상태를 파악

정확한 자기 분석을 통해 다이어트 프로그램을 계획하는 것이 가장 이상적이다.

🔺 살찌기 쉬운 생활습관을 파악한다.

기록은 적어도 1개월 이상 계속한다.

- 언제 먹었고, 식사에 걸린 시간?

- 식사를 거르거나 너무 빨리 먹지 않았는지?
- 밤늦게 먹었는지?
- 무엇을 어느 정도 먹었는지?
- 초조할 때 먹었나, 스트레스를 받았을 때 먹었는지?

🏃 무의식적인 생활 습관을 분석

🏃 과식하기 쉬운 환경을 점검한다.

- 장보는 시간을 정해서 간다.
- 배가 부를 때 장을 본다.
- 목록을 적어서 산다.
- 조리에 시간이 걸리는 것은 산다.
- 과자나 음료는 사지 않는다.

🏃 행동 수정 목표 세우기

🕊 실현 가능한 행동 목표를 세워 구체적으로 적는다.

- 살찌는 원인이 되는 습관을 모두 적는다.
- 어떻게 고칠지 자신이 할 수 있을 만한 목표를 세워 적는다.
- 구체적으로 적으면 행동 목표 실행에 도움이 된다.

🕊 실현할 수 있는지 확인하고 수정한다.

- 일주일 후 달성률을 점검한다.
- 반 정도 실행을 못했다면 목표를 너무 무리하게 잡은 것이므로 현실적인 수준으로 자신이 할 수 있는 것으로 궤도를 수정하는 것이 좋다.

생활습관을 고쳐가는 감량법의 요령

- 기록을 생활화 한다.
- 일기를 반복해서 읽는다.식사일기, 활동일기, 체중그래프
- 다이어트 친구를 만든다.

살이 찌는 것을 막기 위한 요령

걸을 수 있는 거리라도 탈것을 이용하는 사람

- 급하지 않을 때는 건도록 보행 거리를 늘리는 즐거움을 만든다.

에스컬레이터, 엘리베이터를 자주 이용하는 사람

- 가급적 계단을 이용할 기회를 차츰 늘린다.

움직이거나 운동하는 것을 싫어하는 사람

- 쇼핑이나 취미 등으로 외출할 기회를 늘린다.
- 탈것을 이용하지 말고 빠르게 걸을 수 있는 기회를 늘린다.

빨리 급하게 먹는 사람

- 이야기를 하면서 먹는다.
- 개인접시에 조금씩 덜어서 젓가락을 사용하는 횟수를 늘린다.
- 씹는 횟수를 늘린다.
- 더 먹고 싶을 때는 3분을 기다린다.

남은 음식을 먹는 사람

- 남은 음식은 망설이지 말고 버린다.
- 처음부터 적은 양을 준비한다.

초조하면 무의식적으로 먹고 싶어지는 사람

- 먹고 싶을 때 다른 것으로 신경을 돌린다.취미활동

식사 시간이 불규칙한 사람

- 하루 계획을 짤 때 식사시간을 꼭 넣는다.

한꺼번에 몰아 먹는 사람

- 포만감이 들 때까지 먹으면 필요이상의 체지방이 저장된다.

야식을 즐겨 먹는 사람

- 밤에는 부교감신경이 활발해져 체지방이 저장되기 쉽다.

간식을 좋아하고 다른 일을 하면서 먹는 사람

- TV나 신문을 보면서 식사를 하면 포만중추가 작동하기 어렵고 포만감을 느끼지 못해 과식으로 이어지기 쉽다.

배가 불러야만 만족하는 사람

- 천천히 오래 씹으면 포만감을 느낄 수 있다.

🍖 살이 찌는 음식을 좋아하는 사람

- 과자나 간식을 사두지 않는다.
- 칼로리를 알아두고 적당한 양을 섭취한다.

🍖 기분전환으로 먹는 사람

- 먹고 싶을 때는 다른 곳으로 신경을 돌린다.
- 먹는 것 이외의 취미를 갖는다.
- 목욕을 하거나 가볍게 운동을 한다.

평생의 숙제 다이어트

건강한 삶을 위한 상식

🔲 모든 병은 장에서부터 시작된다.

입에서부터 항문까지는 하나의 관이다. 입으로 어떤 음식이 들어오느냐에 따라 모든 장기와 인체 내에 살고 있는 미생물에 영향을 미치게 된다. 장에서 영양을 흡수하고 찌꺼기는 배출시켜 관이 막이지 않은 상태를 유지해야 한다. 이 장내에 존재하고 있는 미생물들의 종류와 역할이 건강 상태를 좌지우지 할 수 있다. 장내 유익균의 미생물이 우리 몸의 면역계와 신경계, 호르몬계를 조절하는 역할을 하고 비타민과 호르몬을 생성하고 소화작용에 관여한다.

몸 속 미생물에 의해 영양소가 생성되거나 흡수된다. 우리는 우리가 먹는 것으로 이뤄지는 것이 아니라 체내의 장내 유익균이 소화하는 것으로 이뤄진다. 그러므로 우리는 음식을 내가 먹고 싶은 것을 먹을 것이 아니라 우리 몸 속에 살고 있는 장내 유익균들이 좋아하는 것을 섭취해야 한다. 장내 유익균에 문제를 일으키는 물질은 렉틴 단백질이다. 렉틴은 끈적끈적한 단백질이다. 렉틴이 함유된 음식의 섭취는 최대한 제한하는 것이 좋다. 식물은 자신을 보호하기 위해 생존 전략으로 렉틴을 생성한다. 렉틴은 숙성되지 않는 씨앗류, 씨까지 통째로 섭취하는 채소, 과일류에 함유되어 있다. 렉틴을 섭취하더라도 바로 문제가 생기지는 않지만 장내 유익균에 문제를 발생시킨다. 렉틴이 많이 함유된 음식을 섭취할때는 발효시키거나 물에 담궈 발아시키는 방법을 선택해야 한다. 그리고 가공된 음식보다는 가공하지 않은 잎채소 등을 많이 섭취하는 것이 장내 유익균을 활성화시키는데 도움이 된다.

우리 몸의 문제는 장내 미생물과 관련이 있다. 장내 유익균은 호르몬의 전구체를 생성하고 우리 몸의 세포와 정보를 교환한다. 장내 유익균이 호르몬 같은 물질과 지방산을 생성하여 혈액, 림프순환을 통해 다른 세포의 세포막이나 미토콘드리아막에 붙어서 정보를 교환한다. 정보전달은 세포의 핵에서 일어나는 것이 아니다. 세포핵을 제거하더라도 세포의 기능에 문제가 없고 정보 전달에 반응을 한다. 그러므로 정보전달은 세포막이나 미토콘드리아막에서 일어난다.

장내 유익균으로 우리는 행복과 건강에 영향을 받는다. 그래서 우리는 장내 유익균이 좋아하는 것들을 섭취해줘야 한다. 그러면 장내 유익균은 행복 호르몬인 세로토닌을 만들어 기분을 좋게 해준다.

🔲 장내 유익균의 적

의학과 과학의 발달로 응급한 상태에서 생명을 지킬 수 있는 것에 많은 도움을 받았고, 항생제의 개발로 패혈증 등의 원인 균을 죽여 많은 생명을 구하게 되었다. 그래서 정말 필요한 경우에는 항생제를 사용해야 한다. 하지만 항생제 과오 남용으로 더 많은 문제들이 발생된다. 항생제를 장기간 복용함으로 당뇨, 비만, 천식, 크론병 등이 발생할 가능성이 커지게 된다. 이런 항생제는 장내 유익균에게 치명적인 문제를 일으킨다.

간혹 어떤 사람들은 항생제 처방약을 한 번도 복용하지 않고 처방 받은 적도 없다고 하는 사람들이 있다. 그렇다고 해서 항생제가 몸에 유입되지 않을 것인가? 요즘은 축산농가에서 병들지 않고 빨리 살찌우기 위해 많은 양의 항생제를 사료와 함께 먹인다. 그러므로 우리가 섭취하는 우유, 유제품, 육류 등을 섭취하게 되면 자연스럽게 항생제도 함께 섭취하게 되는 것이다. 이러한 항생제에 의해 사람들에게 비만이 되고 빠른 노화와 건강의 많은 문제가 발생하게 되는 것이다. 단백질을 공급하기 위해 육류를 꼭 섭취해야 한다는 고정관념을 버리는 것도 필요하다. 식물로서 우리 몸에 필요한 충분한 단백질과 지방을 얻을 수 있다.

그렇다면 동물성식품을 섭취하지 않고 채식 위주 식생활을 했다면 항생제에 노출되지 않았을까? 채식을 한 경우에도 항생제에 노출되어 있을 가능성이 크다. 이유는 GMO 작물 때문이다. 제초제의 주원료인 글리포세이트는 항생물질로 일반적으로 재배되는 농작물에 많이 사용되었다. 이 글리포세이트는 발암 물질로 분류되어 있다. 글리포세이트는 장내 유익균을 죽이고 행복 호르몬인 세로토닌, 갑상샘 호르몬을 생성하는 트립

토판, 페닐날라닌 생성에 문제를 일으켜 행복한 기분을 저해시켜 우울증이나 갑상선 기능의 문제 등을 일으켜 많은 사람들이 항우울제나 갑상샘 치료제를 복용하게 되는 문제를 야기할 수 있다.

또 화장품, 인스턴트식품에 들어가는 방부제, 자외선 차단제, 플라스틱 용기 등은 여성 호르몬인 에스트로겐의 유사 호르몬으로 작용하여 호르몬과 연관된 많은 문제들이 발생된다. 이런 물질로 비만, 불임, 유방암, 난소암, 갑상선 질환, 뇌 관련 장애, 내분비계통의 문제를 일으키는 원인 물질이 되기도 한다.

장내 유익균의 적인 또 하나는 단순당인 설탕이다. 유해균이 단당류를 먹잇감으로 먹고 살고, 유익균은 복합당인 다당류를 먹고 산다. 그래서 유해균의 먹잇감인 설탕이나 설탕 대체제로 사용되는 것들, 인공 감미료인 수크랄로스, 스플렌다, 아스파탐 등은 유해균을 증식 시킨다. 우리 몸속에 다양한 종류의 좋은 세균이 건강하게 잘 살수록 우리는 건강하게 젊음을 유지하며 살 수 있다.

🪧 장내 유익균에 도움이 되는 저항성 전분

우리는 건강한 삶을 위해 무엇을 먹을 것인가? 보다는 무엇을 먹지 말아야 할 것인가?에 생각을 해봐야 한다. 탄수화물이 비만을 일으키는 주범이라 생각하고 탄수화물 섭취를 줄이고 지방 섭취를 늘려야 한다는 말을 많이 하고 있다. 하지만 과연 탄수화물이 우리 몸에 문제를 일으키는 주범일 것인가? 그렇지 않다. 탄수화물 중 복합 탄수화물은 건강과 장수

에 필수적이고, 삼가야 할 것은 단순 탄수화물이다 이것은 합성화학물질
이지 탄수화물이라 할 수 없는 것이다.

장내 유익균에 도움이 되는 고구마, 토란 등은 일반 탄수화물이 아니라
저항성 전분이다. 저항성 전분은 쌀, 밀, 과일, 옥수수 등에서 나오는 일반
적인 탄수화물과는 다른 방식으로 흡수된다. 일반 탄수화물은 분해되어
바로 포도당으로 전환되어 에너지원으로 사용되고 남은 것은 지방으로
저장되지만, 저항성전분은 탄수화물 분해 효소로 잘 분해되지 않아 소장
을 통과하여 장내 유익균의 먹잇감으로 작용한다. 그래서 저항성전분은
많이 섭취하더라도 혈당이나 인슐린 수치를 상승시키지 않는다.

장내 유익균은 이 저항성전분을 너무 좋아한다. 그러므로 장내 유익균
수가 증가하고, 짧은사슬지방산인 아세테이트, 프로피온산, 부티레이트를
많이 생산하여 장내 점액층이 풍부해진다. 장수의 비결은 무엇을 먹느냐
보다는 무엇을 먹지 않느냐 이다. 무엇을 먹지 말아야 할 것인가? 답은 동
물성 단백질이다. 장수하는 사람들을 보면 대부분 동물성 단백질을 최소
한으로 섭취하거나 전혀 섭취하지 않는다. 동물성 단백질은 건강과 장수
를 위해 필수적으로 섭취해야 하는 물질이 아니다. 수많은 질환과 뇌 관
련 질환은 육류 섭취량과 직접적인 관련이 있다.

🔲 삶의 리듬을 타야 한다.

건강한 삶을 위해서는 리듬을 잘 타야 한다. 잘 알겠지만 리듬은 위아
래 높낮이가 있다. 좀 더 쉽게 말하자면 음악, 사운드, 파동이라 생각하면

될 듯하다. 우리 몸은 일년을 주기로 리듬을 타면서 반복적인 성장과 휴식기를 가지면서 살아가고 있다. 반드시 성장하는 시기가 있으면 휴식하는 시기가 필요하다. 하지만 우리는 욕심을 부려 지속적인 성장만을 추구하게 된다. 휴식기가 없이 지속적인 성장이 되도록 하다보면 과부하로 인해 오히려 많은 문제가 나타나게 된다.

세포는 성장기가 되면 성장하고 증식하라는 신호를 세포들끼리 주고받는다. "포유류 라파마이신 표적단백질mammalian target of rapamycin, mTOR" 이라는 이 경로는 세포의 대사를 조절하는데 도움을 준다. mTOR은 우리 몸에 에너지가 충분하다고 감지하면 성장기에 있다는 것이다. 그러면 mTOR은 인슐린유사 성장인자insulin-like growth factor-1, IGF-1라는 성장 호르몬의 분비를 활성화시켜 세포에 성장하라는 신호를 보내게 된다. 이와 반대로 에너지가 많지 않다고 감지하면 우리 몸은 휴식기에 있다고 감지하여 위기 상황에 대비하기 위해 인슐린유사성장인자IGF-1 분비를 억제한다.

현대인들은 먹을 것이 풍부하여 배고픔이 없이 지속적으로 음식물을 섭취하게 되면 mTOR이 지속적으로 자극을 받는다. 그러면 우리 몸에 에너지가 충분하다고 감지되기 때문에 인슐린유사성장인자IGF-1수치가 상승하게 된다. 이런 과정에서 질병과 노화가 빨리 일어나게 되고, 어린아이들에게서는 성조숙증이 발생하게 되는 것이다. 이렇게 휴식기간이 없이 지속적인 성장기로 유지되면 문제는 비정상적인 세포의 성장 속도도 빨라지는 것이다. 휴식기가 있어야 세포들의 자가 포식이 일어나 필요 없는 세포를 죽이고 병들거나 노화된 세포를 복구하는 세포재생이 일어나게 되는데 이 과정이 없어지는 샘이다.

이런 문제를 해결하기 위해서는 동물성 단백질의 섭취를 제한해야 한다. 동물성 단백질에 풍부한 아미노산인 메티오닌, 시스테인, 아이소류신 등이다. 이런 아미노산은 식물성 단백질에는 적다. 그러므로 동물성 단백질 섭취를 제한하고 식물성 단백질을 섭취하면 우리 몸은 휴식기에 있다고 감지되어 인슐린유사성장인자 IGF-1 생성이 억제되어 염증이 없어지고 세포재생이 빠르게 일어나 장수와 노화지연에 도움이 되고, 성조숙증의 예방과 치료에 도움이 된다.

부모들은 아직도 성장기에 있는 애들은 충분한 단백질을 섭취해야 한다는 고정관념을 가지고 있다. 단백질이 부족하면 성장이 안 된다고 생각하고 육류단백질을 꼭 섭취해야 기운도 나고 성장에 도움이 된다고 한다. 육류 외에 단백질 공급원은 매우 많다. 견과류와 채소에는 우리 몸에 필요한 아미노산과 영양소가 충분하다. 식물단백질은 우리가 섭취량에 터무니없이 부족하다고 생각한다. 하지만 우리 몸이 필요로 하는 단백질양은 생각하는 것보다 훨씬 적게 필요로 한다.

체중 1Kg 당 0.37g 정도만 섭취하면 된다. 그러므로 체중 100Kg 일 경우 37g 정도이다. 우리 몸은 기존에 가지고 있는 단백질에서 약 20g 정도는 재활용 장 내벽 점액의 단백질, 장 세포는 주로 단백질로 되어 있는데 장세포가 떨어져 나가면 이것을 분해하여 재 흡수한다. 하기 때문에 단백질이 부족해서 문제가 나타나지 않는다.

동물성식품과 정제된 음식을 많이 섭취하면 성장이 빨라지면서 사춘기를 앞당기는 성조숙증이 나타난다. 성조숙증이 유방암, 심장병, 당뇨 등 건강을 위협하는 질환과 관련이 깊다. 인슐린유사성장인자 수치가 높아지면 세포성장이 촉진된다. 세포성장은 앞에서 언급한 것처럼 정상세포 성장과 비정상세포 성장과 함께 관여한다는 것을 명심해야 한다. 당분과 동물성 단백질이 인슐린유사성장인자 수치를 높이기 때문에 주기적으로라도 칼로리제한과 인스턴트식품, 동물성 단백질, 우유, 유제품, 설탕 등을 삼가고 장내 유익균에 도움이 되는 채소, 유산균, 저항성전분이 많은 식이섬유 등을 섭취해야 한다.

🖼 우유가 건강에 도움이 안 되나?

우유에 대한 논란은 참 많다. 우유나 유제품을 섭취하는 것이 과연 건강한 몸을 유지하는데 도움이 될까? 우유를 섭취하지 못하게 하면, 그럼 뭐 먹어요?라는 질문이 되돌아온다. 우리나라 사람의 약 80% 정도는 유당불내증으로 위장장애를 일으키거나 외부단백질에 대한 주요 방어 기재인 점액을 과잉 생성한다.

약 2,000년 전 우유를 많이 생산하는 홀스타인종에서 자연돌연변이가 일어나, 이 소들의 우유에 포함된 단백질이 카제인A2에서 카제인A1으로 변했다. 카제인A1은 소화과정 중 췌장에서 인슐린을 생성하는 세포에 붙어 면역반응을 일으키고, 염증을 일으키는 베타-카소모르핀-7이라는 오피오이드 펩타이드opioid peotide로 바뀌며, 1형 당뇨를 일으키는 주원인이 될 수 있다.

만약 이런 소에서 짜내는 우유가 아니라 하더라도 일반적으로 사육하는 가축에서 나오는 유제품에는 항생제와 라운드업 같은 제초제 성분이 남아 있다. 우유에는 송아지를 빨리 성장하게 하는 IGF-1인슐린유사성장인자이 함유되어 있다. 동물의 성장속도와 사람의 성장속도는 근본적으로 차이가 있다. 사람은 천천히 자라도록 설계되어 있다. 그러므로 모유에는 IGF-1함량이 매우 적다. 섭리에 맞게 성장의 리듬에 맞춰 자연적인 성장이 되도록 해야 한다. 이를 거슬리면 나중에 큰 문제들을 감당해야 할 것들이 많아질 수밖에 없다.

동물성 단백질은 건강의 적인가? 아군인가?

사람의 혈관과 장벽에는 Neu5Ac가 존재한다. 우리가 많이 섭취하는 소, 돼지, 양 등의 동물의 혈관 벽에는 Neu5Gc가 존재한다. 그래서 사람이 Neu5Gc를 섭취하면, 우리 몸의 면역체계는 이를 외부 침입자로 인식하고 방어체계에 돌입하게 된다. 하지만 Neu5Ac와 Neu5Gc의 분자 구조가 거의 비슷해서 면역세포가 제대로 인식하지 못하면 Neu5Ac를 공격하게 되는데, 이것이 면역세포가 아군을 공격해서 심장질환이나 자가면역질환이 발생되기도 하는 것이다.

심혈관질환이나 자가면역질환, 이외 건강과 젊음을 유지하기 위해서는 동물성 단백질과 렉틴 함량이 높은 음식의 섭취를 제한해야 한다. 우리 몸은 단백질을 저장하는 시스템이 없기 때문에 과도한 단백질 섭취는 모두 당분으로 전환되는데 이를 포도당신합성gluconeogenesis이라고 한다. 이런 당분이 너무 많아지면 중성지방 수치가 상승하게 된다. 하지만 가금류, 조개류, 어류에는 Neu5Ac가 존재하기 때문에 문제가 되지는 않는다.

📇 콜레스테롤과 중성지방

　콜레스테롤은 건강의 적인가? 많은 연구 결과 콜레스테롤과 심장질환은 직접적인 관련이 없다. 심장질환과 관련이 있는 것은 콜레스테롤이 아니라 혈중 중성지방이다. 그래서 중성지방 수치가 정상이고 HDL콜레스테롤 수치가 높다면 굳이 콜레스테롤을 떨어뜨리는 약을 복용하지 않아도 된다. 콜레스테롤은 비타민D와 호르몬 합성에 중요한 역할을 한다. 콜레스테롤 억제제를 복용하면 호르몬의 불균형이 생기고 골다공증의 위험에 노출되게 되는 것이다. 그리고 콜레스테롤은 우리 몸에 침입한 나쁜 균을 흡수해서 방어해주는 방어시스템이다.

　건강의 적은 중성지방이다. 당분과 단순 탄수화물을 섭취하면 중성지방이 증가한다. 과일의 과당도 중성지방 수치를 상승시켜 세포를 손상시키고 미토콘드리아 기능을 방해하는 독소로 작용한다. 몸속으로 들어오는 과당은 간으로 이동하여 중성지방과 요산으로 전환된다. 나머지 약 30%정도는 신장으로 보내지는데 이는 신장에 독소로 작용한다. 이렇다면 과일이 건강에 좋은 것이라고 믿었던 것은 잘못된 것인가? 아님 이 논리가 잘못된 것인가? 과일이 건강에 무조건 해가 되는 것은 아니다. 중요한 것은 리듬에 맞춰 섭취해야 한다. 즉, 제철에 나오는 신선한 과일을 섭취하면 큰 문제는 없다. 하지만 요즘은 계절에 상관없이 사시사철 과일을 섭취하게 되었다. 어느 과일의 제철을 알 수 없을 정도로 시도 때도 없이 과일이 등장한다. 이런 과일의 섭취는 노화를 촉진하게 된다.
　과도한 동물성 단백질과 단순 탄수화물 섭취를 제한해서 중성지방 수치가 올라가지 않도록 관리해야 한다.

스트레스는 무조건 독으로만 작용할까?

스트레스는 감당하기 어려운 상황에 부딪혔을 때 느끼는 불안과 위협의 감정이며 정신적, 육체적 균형과 안정을 깨뜨리는 자극에 저항하는 반응이다. 스트레스에 휘둘려 부정된 반응에 고정되어 있는 것 보다는 어떻게 반응하느냐에 따라 상황은 달라진다. 우리에게 일어난 일은 바꿀 수 없지만 그것에 대한 태도는 바꿀 수 있다. 태도에 따라 모든 것은 극과 극으로 달라질 수 있는 것이다. 스트레스를 받을 때는 의도적으로 긍정적 반응을 선택해야 한다. 어느 정도의 낮은 수준의 방사선에 노출된 쥐가 그렇지 않은 쥐보다 평균 30% 정도 더 오래 살았다는 결과가 있다. 적당한 추위, 간헐적 공복상태 유지, 적은 독소, 자외선 등의 환경적인 스트레스 요인에도 마찬가지로 같은 결론이 나왔다. 우리 생명을 위협하는 적당량의 스트레스는 오히려 생존능력을 키울 수 있다. 그래서 스트레스는 무조건 독이고 만병의 근원이다. 라는 생각보다는 스트레스는 내 삶에 약으로 작용할 수 있다는 생각을 하는 것이 좋다. 이렇게 스트레스에 호의적으로 반응하는 것을 호르메시스 라고 하는데, 호르메시스 반응은 수명을 연장하는데 도움이 된다.

간헐적 단식과 칼로리 제한은 호르메시스 반응이 일어나게 한다. 이런 간헐적 단식과 칼로리 제한은 수명 연장에 크게 도움이 된다.

칼로리를 제한하고, 간헐적 단식을 하게 되면 세포들에게서 자가포식현상이 나타난다. 이것은 세포들이 정화되는 프로그램인데, 약하거나 제대로 기능을 못하는 세포를 제거하여 전체적으로 세포를 강하게 만드는 현상이다. 장벽의 세포들은 이 과정을 거치면 장벽이 더 튼튼해져서 외부 침입자들이 통과하기 어려운 상태를 만들기 때문에 염증이 줄어들고, 특히 장누수증후군 상태가 되지 않도록 한다. 튼튼한 장벽은 건강과 노화를 지연시킬 수 있는 핵심요소다. 또한, 칼로리 제한으로 박테리아의 성장과 번식이 감소한다. 그러면 지질다당류와 렉틴 단백질도 적어진다. 지질다당류와 렉틴 단백질이 줄어들면 염증도 줄어들어 더 건강해지는 몸 상태를 유지할 수 있다.

🟦 건강한 면역세포 – 세포재생으로 수명연장

건강한 면역세포는 장수와 젊음을 유지하는데 중요한 역할을 한다. 면역세포는 바이러스, 박테리아, 암 등의 적으로부터 우리 몸을 방어한다. 면역세포는 크게 B세포, T세포, NK세포 등으로 구성되어 있는데, 자연살해세포인 NK세포 활성도를 높이는 것이 중요하다. NK세포 활성도를 높이기 위해서는 장내 유익균에 도움이 되는 식이섬유를 많이 섭취하는 것이 도움이 된다. 그리고 충분한 수면과 웃음으로 긍정적인 생각을 하는 것이 필요하다.

건강을 유지하기 위해 몇몇 사람들은 줄기세포를 맞으러 외국으로 의료관광을 가는 사람들을 종종 볼 수 있다. 줄기세포 치료는 놀라운 효과를 얻기도 하지만 많은 돈과 시간을 들여야 한다. 이만한 시간과 돈을 들이지 않고 비슷한 효과를 낼 수 있는데, 우리 몸에는 줄기세포가 많이 존재하고 있기 때문에 이 줄기세포를 제대로 작동하도록 위해서는 어떻게 해야 할 것인가를 생각해봐야 한다.

나이가 들수록 줄기세포 재생능력은 떨어진다. 이 줄기세포를 활성화시키고, 세포 재생이 빠르게 일어날 수 있도록 하는 것은 공복상태를 유지하는 것이다. 실험연구 결과에 24시간 공복상태를 만들었을 때 세포들이 포도당 대신 지방을 연료로 사용하기 시작한다. 이것이 '케토시스'라는 상태다. 케토시스 상태는 우리 몸에 스트레스를 유발해서 줄기세포가 재생할 수 있도록 신호를 만든다. 장내 유익균에 도움이 되는 식생활로 바꾸고 간헐적으로 공백상태를 유지해준다면 줄기세포 생성을 최대화 시킬 수 있어 건강하게 젊음을 유지하는데 도움이 될 것이다.

장내 줄기세포를 활성화 시키는 또 한 가지는 비타민D3다. 비타민D3가 부족하면 장 내벽이 손상되어도 줄기세포가 활성화되지 않는다. 평상시 영양 흡수가 잘 되지 않는 사람들은 비타민D를 충분히 섭취하거나 햇볕을 충분히 쬐도록 해야 한다. 우리가 건강을 지키는 기본물질은 햇빛이다. 요즘 많은 사람들이 자외선을 피하기 위해 얼굴부터 발까지 모든 부위를 가리고 다니고 햇빛을 건강의 적으로 생각하는 경우가 많은데, 햇빛은 우리의 건강을 유지하는데 절대적으로 필요하다. 햇빛을 적게 받으면 우울증이나 정신적 장애가 발생될 확률이 높다. 충분한 비타민D 섭취나 즐거운 마음으로 햇빛을 쬐는 것은 젊음을 유지하면서 장수하는데 반드시 필요하다.

🔲 감정조절을 잘하는 것이 건강한 삶을 유지할 수 있다.

현대인들은 수많은 스트레스 상황에 노출되어 있다. 이 스트레스로 인해 감정조절이 안되고 성격과 행동의 변화를 초래하게 되고 이로 인해 많은 사건 사고가 발생되기도 한다. 그래서 만병의 근원을 스트레스 때문이라고 한다. 하지만 스트레스를 어느 정도 받아야 삶의 활력이 생기고 동기부여도 된다. 중요한 것은 스트레스를 어떻게 지혜롭게 잘 대처하느냐가 관건이다. '스트레스는 무조건 독이다.'라는 생각보다는 '스트레스는 약이다.'라는 생각을 갖는다면 큰 문제로 이어지지는 않을 것이다.

이런 스트레스로 인해 감정의 변화가 많이 일어나고 이런 감정 조절을 제대로 하지 못하면 병으로 이어지는 경우가 있다.

위팔의 뻐근함이 지속되는 경우는 망설임의 축적으로 인해 나타난다. 팔은 냉각장치로서 역할을 하는데, 목과 어깨에 쌓인 열을 식혀주는 역할을 한다. 목과 어깨가 막히면 팔의 온도는 떨어지고 온도가 지나치게 떨어지면 신진대사가 되지 않아 지방이 축적된다. 위팔의 뻐근함은 선택을 못하는 상태의 마음이 지속되어 쌓인 결과이다.

나한테 이득이 되는지만 따지지 말고 그저 남들에게 선물을 나눠주면 이런 행동이 사람들을 바꾸게 될 것이다. 그렇게 먼저 베푼다면 비로소 자신의 잠재력이 드러나기 시작할 것이다.

슬픔의 감정이 지속되는 것은 마음에 없다는 것이다. 슬픔과 근심은 폐와 연관되어 있다. 폐는 기를 주관하는 장기이고, 외부와 내부의 정보교환을 담당하고 있는 장기이다. 슬퍼하면 기가 사라지고, 살아갈 기력이 없어지고 지나치면 내장 전체에 혈액순환이 안 되어 영양공급이 되지 않는다. 기대에 어긋나 실망감이 커지고 다른 사람의 친절을 받아들이지 않게 되는데 이런 사람의 등은 윗부분이 잔뜩 긴장되어 있다. 그리고 상대의 작은 말과 행동에 쉽게 상처를 받고 쉽게 자기 자신을 잃어버린다. 웃음이 면역에 도움이 되는 NK세포를 활성화시킨다. 슬픔은 NK세포 활성도를 떨어트리는데, 이 슬픔이 바닥을 친 순간 반전해서 세포활동을 끌어

올리기도 한다. 그래서 슬픔을 끊어버릴 수도 있는데, 중요한 것은 이런 회복 탄력성이 잘 이뤄지도록 하기 위해서는, '나는 누구도 대체할 수 없는 존재'라는 생각을 하고 인간관계와 베품과 겸손에 초점을 맞춘다면 반드시 필요한 존재라고 인식되어 거뜬히 이겨낼 수 있게 될 것이다.

복부의 지방은 초조함의 덩어리다. 배를 건강하게 둘어가게 하는 방법은 대담해져야 한다. 복부의 장이 냉하면 이를 따뜻하게 보호하기 위해 지방을 많이 축적하게 된다. 지방은 따뜻하게 보호하기 위한 이불이라 생각하면 쉬울 것이다. 그래서 복부가 냉하면 지방이 축적이 되고, 따뜻해지면 두꺼운 이불이 필요 없으니 지방이 걷어지게 된다. 복부의 지방은 '무언가를 보호하고 싶다.'라는 심리가 나타나고 있는 것이다. 보호하는 것은 중요하지만 지나치면 여분의 지방으로 쌓이게 되는 것이다. 날씬한 복부를 원한다면 의식적으로 열린 마음으로 대담하게 행동하면 지방과 함께 초조함도 없어지게 될 것이다.

요즘은 젊은 층에서도 허리통증을 호소하는 사람이 많다. 요통은 "내가 이만큼 해주는데 너는 왜 그래"라는 화의 표현이다. 이만큼 해주는데 한 번도 고맙다는 말도하지 않는다는 감정이 축적된 화로 인해 나타난다. 요통이 있는 사람 중에는 성실한 사람이 많고, 또 한편으로는 어린아이 같은 면도 있다. '그 사람한테 고맙다는 말을 들은 적이 없네, 이 만큼 해주는데 당연하다고 생각하는 것이 아닐까?'라는 마음이 요통으로 나타나는 메시지이다. '그냥 베푸는 것, 주는 것으로 끝'이라는 생각을 해야 한다. 주는 만큼 보상을 받아야 한다는 생각을 하지 않도록 하고, 사랑으로 주는 삶을 살아가야겠다는 의식을 높이면 이런 문제는 바로 해결될 것이다. 나보다 남을 낮게 여기는 마음과 베푸는 마음, 겸손함과 낮아지는 마음, 교만하지 않는 마음을 갖고 생활한다면 감정으로 인해 나타날 수 있는 병은 없을 것이다.

칼로리제한과 간헐적 단식, 적당한 운동

대부분의 사람들은 관절의 문제는 많이 써서 생기는 문제라고 생각했고, 또 그렇게 얘기하고 있다. 나이가 많아 관절을 많이 사용해서 달아서 아플 것이라 판단했다. 하지만 관절은 많이 사용해서 아픈 것이 아니다.

결론부터 말하자면 관절염은 관절을 많이 사용해서 발생하는 것이 아니라 장에서 염증을 일으키는 유해균으로 인해 생기는 것이다. 결국 관절에 문제를 야기하는 것은 염증으로 인한 것이지 노화 때문이 아니다.

장내 유해균과 장상태가 좋지 않아 발생하는 장누수증후군으로 인해 염증이 발생하는 것이다. 장누수증후군으로 인해 렉틴성분과 지질당류가 몸속으로 유입되어 나타나게 된다. 렉틴 단백질은 관절 표면에 있는 시알산 과당분자와 결합하여 가시처럼 작용, 자가면역질환의 염증을 일으켜 관절염 상태가 된다.

지질다당류는 관절사이에 작용하여 염증을 일으키고 면역세포는 이 지질다당류를 적으로 인지하여 공격하기 때문에 자가면역질환이 되는 것이다.

관절염으로 인해 통증과 염증을 완화시키기 위해 항염증제나 진통제를 섭취하게 되는데 이런 약을 장복하게 되면 장 내벽에 문제를 일으켜 결국에는 염증과 통증이 더 악화시키는 악순환을 낳게 된다. 이런 악순환의 반복되지 않도록 하기 위해서는 장 내벽을 치유하고 장내 유익균이 많이

번식할 수 있도록 유산균프로바이오틱스과 프리바이오틱스를 충분히 공급해 주는 것이 좋다. 장내 유익균들이 가장 좋아하는 좋은 영양분인 견과류와 채소, 올리브유, 저항성전분을 많이 섭취하는 것이 좋다.

그러므로 관절의 문제는 어느 누구나 정상으로 회복시킬 수 있다. 장 상태를 개선시켜 장 내벽을 튼튼하게 만들고, 렉틴과 지질다당류가 침입하지 않도록 만들어야 한다.

중요한 것은 문제를 야기할 수 있는 음식을 식단에서 제거하는 것이다. 렉틴성분과 지질다당류가 많은 음식의 섭취를 제한해야 한다. 렉틴성분이 많은 먹거리인 숙성되지 않는 과일의 섭취를 제한해야 한다. 그리고 콩과식물인 콩류는 가능한 삼가야 한다. 특히, 술안주로 많이 섭취하는 땅콩은 삼가는 것이 좋다. 그리고 밀가루음식빵, 과자, 파스타 등, 호밀, 보리, 현미 등을 삼가야 한다. 몸에 좋다고 하는 보리, 현미, 땅콩 등은 다행히 압력솥에 쪄서 섭취하면 문제가 발생되지 않는다.

또 한 가지 지질다당류로 인해 골다공증이 나타난다. 지질다당류는 장 누수증후군이 없어도 장 내벽을 통과하여 문제를 일으킬 수 있다. 이런 음식을 많이 섭취하게 되면 어떻게든 이것을 모두 처리해야 하는데, 처리되지 못하면 나중을 대비해 지질단백 지질분해효소로 남은 당분을 지방으로 전환한다. 이러한 과정이 오래 지속되면 지방은 계속 늘어나고 근육은 줄어들게 된다. 나이가 들어갈수록 근육량은 감소하는 근감소증이 많이 나타나는데 이렇게 되면 인슐린저항성과 장 건강이 악화된다. 그래서 평상시 근육이 배고픔을 느끼게 만들어 여분의 당분이 지방으로 저장되지 않도록 해야 한다.

근육이 배고픔을 느끼게 하는 가장 좋은 방법은 바로 운동이다. 근육량을 늘리는 근력운동을 하는 것이 좋다. 그리하면 인슐린은 당분을 지방으로 저장하지 않기 때문에 인슐린 수치가 떨어지고 지방도 줄어든다.

하지만 지나친 운동은 문제가 된다. 특히, 심혈관계 운동인 달리기 같은 것을 오래하게 되면 오히려 면역계에 손상을 준다. 그냥 걷거나 가볍게 뛰는 정도의 운동을 하는 것이 좋다. 마라톤처럼 근육 손실이 많은 지구력 운동은 장수에 도움이 되지 않는다. 장거리 달리기는 심장세포, 특히 우심실 세포를 파괴해 심장에 손상을 준다. 그래서 부정맥이나 울혈성 심부전증으로 이어질 수 있다. 심한 운동은 활성산소를 만들어 산화스트레스를 일으킨다. 과도한 활성산소는 노화의 주범으로 작용하기 때문에 적당한 운동을 하는 것이 좋다.

운동은 적당한 스트레스로 건강해지는 호르메시스 효과를 일으킨다. 운동은 노화된 세포와 병든 세포 성분을 재활용하는 자가포식 현상과 이와 유사한 비접힘단백질반응 작용을 유도하는데, 비접힘단백질반응이 일어나면 세포는 기능 장애가 있는 단백질 세포를 분해하여 건강을 회복시킨다. 과도한 스트레스로 작용하지 않을 정도의 운동은 미루지 말고 바로 시작하는 것이 좋다. 규칙적인 운동은 면역체계에 강력한 효과를 미치고, 세포와 미토콘드리아 기능을 돕는 효소가 많이 생성되고, 염증을 감소시키며, 장내 미생물군유전체를 변화시키고, 뇌 건강에도 도움이 된다. 연구 결과에 의하면 알츠하이머에 걸릴 위험을 크게 낮출 수 있다. 운동과 칼로리 제한은 뇌 건강을 유지하는 핵심이라 할 수 있다. 이는 젊음을 지속적으로 유지하는 좋은 방법이다.

스트레스를 많이 받아도 문제지만 전혀 스트레스를 받지 않는 것도 문제다. 어느 정도 스트레스를 받아야 에너지가 많이 발생된다. 세포에 필요한 에너지를 생성하는 미토콘드리아가 감소하면 노화의 원인이 된다. 그래서 미토콘드리아가 늘어나도록 하고 에너지를 많이 발생되도록 하기 위해서는 음식이 좀 부족하다고 느껴지도록 해야 한다. 또, 미토콘드리아는 근육을 단련하면 힘을 내기 위해 에너지가 필요할 때도 분열을 하여 미토콘드리아 수가 많아진다. 그러므로 건강하게 장수 할 수 있는 좋은 방법은 칼로리제한과 운동이다.

　요즘 많은 사람들은 칼로리를 제한하지 않고, 간헐적 단식도 하지 않는다. 또한, 근력운동도 하지 않는다. 그래서 나이가 들면서 근육량이 줄고 미토콘드리아 수가 줄어들어 에너지가 생성되지 않고 무기력감에 빠져든다.

　칼로리제한과 간헐적 단식으로 세포에 가벼운 스트레스를 주고 적당한 운동을 하면 미토콘드리아가 많아지고, 인슐린 수치가 떨어지며 근육량이 늘어 건강한 몸으로 장수 할 수 있다.

📅 나이 들어도 변함없는 맑은 정신을 유지할 수 있다.

　나이가 들면 건망증이 심해지고, 정신이 맑지 않고, 신경계에 문제가 나타나 예전같지가 않다고 얘기하면서 나이 탓을 하게 되는데, 이것을 노화의 과정이라고 당연시 하는 경우가 있다. 하지만 이는 당연한 노화 과정이 아니라 신경계 염증으로 인해 나타난다. 이 염증은 바로 장에서 시작한다.

　그렇다면 염증의 시작은 장이기 때문에 막을 수 있는 방법은 바로 장상태를 개선시키는 것이 가장 우선되어야 한다. 뇌 관련 질환이 발생하여 진짜 내 삶이 아닌 상태로 살아가지 않고 건강한 정신을 유지할 수 있는 방법은 장 건강을 유지하는 것이다. 뇌의 뉴런은 신경생성neurogenesis이라는 과정을 거쳐 언제든 새로 만들 수 있는 능력을 가지고 있기 때문에 나이가 들었다고 뇌 관련질환이 발생하는 것은 당연한 것이 아니다. 아무리 나이가 들어도 젊은 사람처럼 뇌 세포를 만들 수 있고 기억력과 언어능력을 더 높은 수준으로 유지할 수 있다. 이 모든 것을 유지할 수 있는 방법은 장내 유익균을 잘 유지하는 것이다.

📅 장과 뇌는 메시지를 주고 받는다.

'장청뇌청'이라는 말을 많이 들어봤을 것이다. 장내 미생물은 뇌와 직접 관련이 되어 있다는 것이다. 장이 뇌를 통제하고 조절한다. 장내 유익균이 세포의 미토콘드리아에 호르몬 신호와 메시지를 보낸다. 이 메시지는 혈액순환과 림프계를 통해 전달된다. 그리고 뇌 신경중 가장 긴 미주신경으로 장과 뇌가 메시지를 주고 받는다. 미주신경은 호흡, 소화, 심장박동 등 무의식으로 일어나는 자율신경계의 대부분을 관할하고 장과 뇌를 연결하며 그 사이에 있는 각종 장기를 연결한다. 메시지를 보내는 것은 장내 유익균이다. 장내 유익균은 뇌에 지속적으로 메시지를 보내므로 장 내벽을 뚫고 침입자들이 몸속으로 들어올때마다 화학적 신호가 혈류와 림프계를 통해 보내지는데, 장내 유익균이 보내는 메시지를 사이토카인이라 한다. 위험 상황이 발생되었을 때 면역계와 지휘부에 알리는 것을 염증성 사이토카인이라 한다. 이 정보 전달 인자와 시스템을 트랜스퍼팩터transfer factor라고 한다.

　장내 미생물이 일으킨 신경염증이 결국 뇌 질환을 유발시킬 수 있는 것이다. 신경염증이 뇌의 뉴런에 부차적인 손상을 일으켜 인지력감퇴, 파킨슨병, 알츠하이머, 치매 등의 퇴행성 질환을 일으키는 원인이 된다. 그러므로 뇌 질환은 장내 유해균, 렉틴, 지질다당류로부터 장을 보호하여야 한다. 렉틴과 지질다당류가 장 내벽을 통과하면 혈류와 림프계, 미주신경을 타고 뇌까지 이동한다. 이 물질이 염증을 일으켜 신경세포가 파괴되면서 파킨슨병 등이 발생된다. 장 상태를 개선시켜 염증을 최소화하는 것이 근본적인 예방과 치유를 시킬 수 있는 지름길이다.

　신경계질환은 뇌가 아닌 장내 미생물의 변화로 인한 것이다. 그러므로 장내 미생물의 변화를 초래하는 먹거리는 최대한 삼가야 한다. 가공식품에 첨가된 식품첨가물은 인체에 안전하다고 하지만 결국에는 장내 미생물의 변화를 일으키는 주범이 될 수 있다. 장내 박테리아가 글루타민을 분해할 때 생성되는 아미노산계열의 글루타메이트는 도파민을 생성하는 신경세포를 죽인다. 이런 글루타민은 안전한 식품으로 분류되어 라벨에 표기하지 않는 경우도 많다. 하지만 식품성분표에 천연향이라는 성분에 글루타민이 포함되어 있다고 보면 된다. 그리고 흔히 사용되고 있는 아스파탐이 장 속에서 글루타메이트로 바뀐다. 이 아스파탐은 감미료로 많이 사용되고 있다.

　장과 뇌 건강을 위해서는 식품첨가물이 함유된 가공식품, 설탕수크랄로스, 사카린, 아스파탐 등, 우유, 유제품, 포화지방, 땅콩 등을 삼가고 칼로리제한과 오메가3, 유산균, 커큐민을 섭취하고 적당한 운동을 해야 한다.

🧮 브레인 디톡스

몸이 건강하도록 유지하기 위해서는 몸 구석구석 쌓인 독소 노폐물을 정기적으로 제거하기 위해 노력해야 한다. 이 인체정화작용을 하는 곳이 림프계다. 혈관의 길이보다 더 긴 림프관으로 림프액이 흐르면서 노폐물을 제거한다. 이런 림프시스템의 작용이 뇌에서도 일어난다. 뇌는 혈액외에 어떤 물질도 들어가지 못하도록 하는 혈액뇌관문이 있어 림프액이 뇌에는 들어가지 못한다고 알려졌었는데, 이 림프의 작용이 뇌에서도 일어난다는 것이 밝혀졌다. 뇌척수액이 뇌를 순환하며 노폐물을 정화한다.

뇌를 정화시키는 가장 좋은 방법은 우선 수면이다. 깊은 숙면을 취하면 뇌 정화 과정이 깨어있을 때보다 20배 빨라진다. 충분한 숙면을 취하면 독소 노폐물이 씻겨나가 맑고 상쾌한 상태로 깨어난다. 그래서 우리는 매일 적당한 숙면을 취하는 것이 중요하다. 몇몇 사람들은 종종 이 생을 마감하면 영원토록 잠을 잘 수 있을 텐데 살아있는 동안 최대한 오래 눈 뜨고 있어야 한다. 시간이 아깝다고 하면서 잠을 최대한 늦게 자는 사람이 있다. 이렇게 되면 하루를 맑은 정신으로 살아가기 힘들다. 맑고 정신이 초롱초롱한 생활을 위해서는 잠을 많이 자는 것이 좋다. 중요한 것은 뇌에 혈액순환이 잘 되도록 하기 위해서는 마지막 식사 시간과 취침 시간 사이 간격을 최대한 늘려야 한다. 잠자기 바로 전이나 야식으로 늦은 시간에 음식을 섭취하면 소화작용을 위해 대부분의 혈액은 위로 몰리게 되어 손발가락 뇌로 혈액이 원활하게 공급되지 않아 뇌 정화 작용이 일어나지 않는다. 취침 전까지 4시간정도의 간격을 유지해야 잠자는 동안 뇌로 혈액순환이 원활하게 되어 뇌 정화가 제대로 일어난다. 매일 실천하기는 어렵더라도 일주일에 한 두 번씩은 실천하도록 노력해봐야 한다.

뇌에 도움이 되는 음식으로 뇌 질환 예방과 치유에 도움이 되는 것은 오메가3, 엑스트라 버진 올리브유이다. 올리브유는 건강과 장수를 위한 최고의 치유식품이다. 올리브유에는 폴리페놀 성분이 많아 항염증 효과가 크다. 폴리페놀을 항염증 물질로 전환하는 것이 장내 유익균이다. 그리고 올리브유는 세포의 정화작용인 자가 포식현상을 촉진하는 효과가 있는데, 올리브유는 뇌 줄기 안에 분포된 신경세포를 자극해 글루카곤-유사펩티드GLP-1 호르몬을 분비시키는데, 이는 혈당수치를 떨어뜨리고 체중 감소와 저혈당 위험을 낮추는데 도움이 된다. 또한, 축삭돌기와 수상돌기를 연결하는 시냅스 활동을 아밀로이드 독성으로부터 보호하며, 체내 염증을 감소시키고, 새로운 신경세포가 잘 성장하고, 신경망을 형성하는 수상돌기가 재생된다. 뇌 신경에 문제를 일으키는 베타아밀로이드로부터 뇌를 보호하는 작용을 한다. 특히, 곡물과 씨앗에 들어있는 렉틴의 부정적인 효과를 상쇄시켜 뇌를 건강하게 지키는데 도움이 된다.

뇌 건강을 위해서는 푸른 잎 채소, 오메가3와 올리브유는 치매, 알츠하이머 등 뇌 질환 예방과 치유에 도움이 된다.

🔲 환경 호르몬이 우리를 살찌운다.

문명이 발달하면서 환경 호르몬에 대한 위험성은 날로 증가하고 있다. 호르몬 교란 물질들이 무수히 등장하면서 아이들의 성장과 사춘기를 앞당기고, 성인들의 경우도 나이 들수록 체중이 지속적으로 증가하는 원인이 된다.

비만은 전염병이라는 말이 나오는 시대인데, 전염병처럼 번지는 주된 원인 중 하나가 호르몬 교란 물질이다.

우리를 살찌우는 가장 문제되는 호르몬은 에스트로겐이다. 에스트로겐은 많은 사람들이 알고 있다시피 여성 호르몬으로 알고 있지만, 남녀에게 양이 다를 뿐 남성과 여성 모두에게 존재한다. 가임기 여성의 몸에서 에스트로겐의 역할은 임신에 대비해 지방을 저장하라는 메시지를 세포에 전달하는 것이다. 자연의 순리대로 살아간다면 우리는 일년 단위로 성장과 퇴보하는 주기로 사는데 이 호르몬이 중요한 역할을 한다. 여성은 성장주기일 때 체중을 늘리고, 먹을 것이 부족해지는 시기가 오면 저장해둔 지방으로 자신과 아기를 살릴 수 있었던 것이다. 그래서 몸속에 저장된 지방이 없는 매우 마른 여성들은 아기에게 공급할 영양분이 없어 소중한 난자를 함부로 낭비하지 않기 위해 종종 생리기간이 길어지거나 생리를 하지 않게 되는 것이다.

　먹거리가 풍부한 시대에 살고 있는 현대인들에게는 이제 매일 일 년 내내 성장주기에 살고 있다. 그래서 지방을 저장해둘 필요가 없어졌다. 그렇다고 해서 몸속에 지방이 저장되지 않아 비만이 되는 경우가 없는가? 오히려 비만이 더 증가하고 있다. 이는 일상생활에서 나오는 독소들이 남녀의 몸에서 에스트로겐의 흉내를 내면, 세포들은 우리가 생물학적으로 임신을 할 수 있는가에 상관없이 지방을 저장하라는 메시지를 보낸다. 그래서 이 유사 에스트로겐으로 인해 초등학교 저학년인데도 생리를 시작하고, 남자아이들에게는 젖가슴이 커지며 복부에 지방이 많이 축적되는 성조숙증 등의 증상이 나타난다.

　환경에서 흡수되는 미세한 에스트로겐 유사물질이 체내에 쌓이면 나중에는 호르몬 자체보다 더 강력한 효과를 일으킨다. 에스트로겐 유사물질은 정상적인 에스트로겐 호르몬의 역할로 지방을 저장하라는 메시

지를 주고 없어지는 것이 아니라 수용체에 붙어 지방 세포가 영구적으로 지방을 저장하게 한다. 이러한 이유로 여성은 물론 임신할 가능성이 전혀 없는 남성과 어린아이들에게도 끊임없이 지방을 저장하게 된다. 이런 문제로 체중증가와 건강에 대한 문제가 발생되지 않도록 하기 위해서는 호르몬 교란 물질을 피하는데 노력을 해야 한다.

우리 주변에 호르몬 교란을 일으키는 물질은 첫째, 비스페놀A이다BPA -플라스틱 제조 원료. 이를 피하기 위해서 가능한 플라스틱 용기를 사용하지 말아야 한다. 그리고 플라스틱 용기에 든 음식을 절대 전자레인지에 넣고 돌리면 안 된다. 특히, 어린아이들이 플라스틱 장난감을 입에 대는 경우가 많으므로 반드시 BPA free제품을 사용해야 한다. 물건을 구매할 때 받는 영수증에는 BPA가 포함되어 있기 때문에 버려달라고 하는 것이 도움이 된다. 두 번째로 프탈레이트이다. 프탈레이트는 플라스틱을 부드럽게 해주는 화학 첨가제로 일회용 용기, 비닐랩, 고무장갑 등에 사용된다. 프탈레이트를 피하는 방법은 육류, 유제품 등을 삼가고 음식포장지와 플라스틱 용기, 헤어스프레이, 방충제 등을 사용하지 않는 것이 좋다. 세 번째는 비소, 비소는 독성 물질로 내분비계를 교란하는 물질이고, 장내 유익균을 죽이는 항생제로도 쓰이고 있다. 동물의 사료에도 첨가하기 때문에 많은 문제를 발생시킬 수 있다는 것이다. 이외에도 패스트푸드를 최대한 섭취하지 않도록 해야 한다. 패스트푸드에는 천식과 알레르기를 유발하는 물질과 면역 기능을 억제하는 물질이 들어있고, 장 내벽을 더 쉽게 자극해 염증을 일으킨다.

그리고 전자기기에서 컴퓨터나 스마트폰에서 방출되는 블루라이트로 가능한 멀어지도록 해야 한다. 우리가 지속적으로 노출되고 있는 인공 블루라이트도 호르몬을 교란시킨다. 우리 몸은 낮이 길고 밤이 짧으면 여름이라고 인식해서 음식을 많이 먹게 되고 식량이 부족해질 겨울에 대비해 지방을 저장하게 된다. 따라서 블루라이트가 많으면 우리 몸은 포도당을 더 많이 섭취해야 한다고 인식하고, 반대로 블루라이트가 적으면 지방을 태워야 한다고 인식하게 된다. 블루라이트는 식욕을 촉진시키는 그렐린 호르몬과 각성 역할을 하는 코티솔 호르몬 분비를 자극하여 체중증가를 유발한다. 그래서 해가지면 전자기기를 가급적 사용하지 않고, 블루라이트를 차단하는 프로그램을 설치하는 것도 도움이 된다. 호르몬 교란물질을 피하고 장내 유익균의 증식을 위한 식단으로 우리를 더 건강하고, 날씬하고 젊게 만들 수 있다.

📱 정신적인 건강을 위한 '건강한 뇌' 식생활습관의 변화로 지킬 수 있다.

뇌는 인체의 모든 활동에 관여하는 중요한 기관이다. 다치면 안 되는 신체기관인데 이 중요한 뇌, 건강한 뇌 관리로 뇌 관련 질병을 예방 치유할 수 있는 방법에 대해 알고 관리해야 한다. 요즘 많은 사람들이 정신적인 문제에 많이 시달리고 있고, 성격적인 부분에 문제도 많이 나타나고 있는데, 이것은 누굴 닮아서라기보다는 대부분 음식의 문제로 나타나는 것이다. 자신을 알고 살아가느냐 아니면 나를 잃어버리고 겨우 육체적인 생명을 유지하면서 살아가느냐는 많은 차이가 있다. 우리는 삶의 목적과 목표를 정하고 삶의 여정을 잘 살아가는 지혜로운 삶을 살아야한다.

뇌 관련질환은 우울증, 불면증, 치매, 알츠하이머, 파킨슨병, 행동장애 등 여러 증상들이 있다.

일반적으로 뇌의 문제를 치유되기가 어렵다고 알고 있고, 이러한 문제가 발생하면 치유하고자 하는 것을 포기하고 살아가는 경우가 많다. 하지만 우리가 지금까지 알고 있는 뇌에 관한 상식이 뒤집혔다. 뉴런도 증식한다고 밝혀졌고, 변하지 않게 보이던 신경세포도 신경발생이 평생 일어난다는 사실이 밝혀졌다.

뇌 뉴런으로 분화할 수 있는 신경줄기세포의 개체군이 존재하고, 뇌는 좋은 지방에 의해 신진대사가 된다.

뇌의 기능상 중요한 작용을 하는 것이 뇌 신경에 대한 부분이다. 뇌 신경발생에 영향을 미치는 것 중 하나는 뇌유리신경성장인자 이다. DNA의 11번 염색체에 자리한 '뇌유리신경성장인자Brain-Derived Neurotrophic Factor,BD-NF'라는 단백질의 생성을 암호화 한다.

뇌유리성장인자인 BDNF는 새로운 뉴런을 생성하는데 중요한 역할을 한다. 기존의 뉴런을 보호해 시냅스 형성과 뉴런간의 연결, 생각하고 배우고, 고도의 뇌 기능을 위해 필수 불가결한 과정이다. 알츠하이머 환자의 경우 BDNF수치가 낮다.

이 BDNF수치가 낮으면 간질, 거식증, 우울증, 정신분열증, 강박신경증 등 다양한 신경질환과 관련이 있다.

DNA가 BDNF를 생산하는데 영향을 미치기 때문에 BDNF를 켜는 유전자를 활성화시켜야 한다. 그렇게 하기 위해서는 신체활동, 칼로리제한, 케톤생성식사, 커큐민, 오메가3지방 DHA같은 영양소를 포함한 다양한 생활습관을 통해 활성화 시킬 수 있다.

> ### 🔎 케톤생성 식사
>
> 고지방, 저단백, 저탄수화물 식이요법으로, 우리가 주로 섭취하는 탄수화물인 당 대신, 지방으로부터 얻어지는 케톤을 두뇌 대사의 에너지로 사용하게 함으로써 간질을 억제하는 방법이다. 세계적으로도 케톤 식이를 시행한 환자들 중 약 20~30%에서 경련이 90%이상 억제되는 우수한 성적을 보이고 있다. 또한, 케톤 생성 식이 요법을 시행하면서 경련이 조절되면 함께 투여되는 항경련제를 줄일 수 있으며, 2년 정도 식이를 유지하며 경련이 없는 경우에 식이를 중단하더라도 다시 재발되는 경우는 거의 없다.

뇌 건강을 위한 유산소 운동은 BDNF를 늘리고 기억감퇴를 되돌리고 뇌 세포의 성장을 늘린다. 많이 움직일수록 뇌는 건강해지기 때문에 규칙적인 신체활동을 하는 것이 좋다. 과도하게 움직이는 운동보다는 걷거나 산책을 하는 것이 뇌 건강에 도움이 된다.

그리고 칼로리제한과 BDNF에 관련성은 칼로리가 낮은 식단을 선택할 때 BDNF가 급등하고 인지기능 향상, 뇌졸중과 퇴행성질환의 위험을 줄일 수 있다. 간헐적 단식으로 BDNF생산을 자극하는 동일한 경로를 활성화 할 수 있다. 칼로리 제한은 신경학적 질환의 치료에 효과가 있다.간질, 알츠하이머, 파킨슨병 등이 감소

칼로리 제한은 세포가 자멸을 겪는 과정인 세포사멸apotosis을 줄이는 극적인 효과가 있으며 염증인자의 감소와 신경보호인자, BDNF의 증가를 유발하고 과도한 활성산소를 억제하는 중요한 분자들과 효소들을 늘려 인체의 타고난 항산화 방어력을 높이게 된다.

다음으로 커큐민은 강황, 울금에 많이 들어있는 성분으로 항산화, 소염, 항진균, 항균작용을 한다.

마지막으로 DHA는 뇌활성화 분자인데 뇌 건조 중량의 2/3이상은 지방인데 그중 1/4은 DHA이다. DHA는 뇌 세포, 시냅스 막을 구성하는 요소이며, 유해한 염증성 화학물질의 생산을 활성화하는 COX-2효소의 활동을 줄이는 역할을 한다. 오메가3지방산이나 식물성기름은 뇌 건강에 중요한 역할을 한다. 여러 식물성 기름 중 특히 엑스트라버진 올리브유가 도움이 된다.

요즘 어린아이들이나 청소년들에게 나타나는 ADHD, 주의력결핍은 DHA가 부족해서다. 오메가3에서 DHA를 합성할 수 있다. DHA는 하루 최소 200~300mg을 섭취해야하는데 대부분 사람들은 25%이하 섭취하고 있다. 육류 등의 동물성 지방보다는 식물성 지방을 섭취 하는 것이 좋다.

뇌 관련, 심리 신경의 문제를 개선시키고 예방하기 위해서는 글루텐프리를 실천하고 DHA와 프리바이오틱스, 칼슘 같은 보충제를 식단에 더하는 것만으로도 신경, 심리, 행동장애의 수많은 증상을 회복시킬 수 있다.

특히, 갑작스럽고 반복적이며 불규칙적인 움직임과 별개의 근육군이 유발하는 음성표현을 특징으로 하는 틱 스펙트럼장애의 일종인 투렛증후군을 예방 치유하는데 도움이 된다.

최적건강을 위한 생활실천 계획

장수시대에 접어들면서 만성질환의 추세는 생활습관의 변화로 점점 확산되고 있다. 하지만 그것은 건강한 생활습관으로 바꿈으로 되돌릴 수 있다. 질병의 치료보다는 최적의 건강 상태를 유지하도록 해야 한다. 앞으로는 질환으로 가지 않도록 예방의학에 관심을 가져야 한다.

가장 이상적인 예방의학은 임신 이전부터 시작하는 것이다. 아기의 미래 건강은 임신 중 엄마의 만성염증 상태와 건강에 좌우되는데, 현대인들의 산업화된 식단은 모유 성분에도 영향을 끼치게 되었는데, 특히 옥수수 기름과 같은 좋지 않은 기름이나 붉은 살코기에 함유된 오메가6지방산을 많이 섭취하면 모유에서도 그 성분의 함량이 증가하기에 그 모유를 먹는 아이에게서도 만성염증이 증가하게 된다.

만성질환의 추세는 생활습관의 변화로 점점 확산되고 있다. 생활습관의 개선으로 삶의 질을 높이는 건강한 상태로 유지할 수 있는데, 최적건강을 달성하는 방법의 핵심은 염증을 줄이는 것이다.

최적건강이란 유전적인 요인, 개인 병력, 주어진 환경에서 도달할 수 있는 최상의 건강 상태다. 최적건강 상태를 이루기 위한 기초는 엄마의 배 속에 있을 때부터 다져져야 한다. 태아 시기의 건강 상태가 유아기뿐만 아니라 성인기의 건강에도 영향을 미치기 때문이다. 물려받은 유전자는 건강에 중요한 요소이지만 그것이 운명을 절대적으로 결정하지는 않는다.

최적건강 상태를 위한 첫 번째 원칙은 만성질환 위험요인을 줄이는 것이다. 만성질환의 위험요인은 아주 많은데, 사람들은 건강의 핵심 요소가 올바른 식습관과 규칙적인 운동이라 알고 있는 경우가 많다. 식사와 운동은 최적건강의 결정적인 요소는 맞지만 만성질환의 위험요인 중 일부일 뿐입니다. 운동을 열심히 하는 사람들 중에도 심장마비로 쓰러지는 경우가 있기 때문에 모든 위험요인을 알고 대처해야 한다. 그렇다고 운동을 하지 말라는 얘기는 아니다.

몸을 움직이는 것을 좋아하지 않는 사람들은 대부분 운동할 시간이 없다고 말한다. 이것은 전문가들이 운동을 체계적이고 돈이 드는 활동으로 한정지어 정의를 내려왔기 때문이다. 운동을 위해 많은 시간을 짜낼 필요가 없다. 일상에서 하는 움직임만으로도 만성질환의 위험성을 줄일 수 있다. 일상생활에서 실천할 수 있는 운동으로 엘리베이터나 에스컬레이터 대신 계단을 이용하는 것이다. 걷거나 산책 등은 뇌 건강에도 도움이 된다. 운동이 건강에 크게 기여하는 것 중 하나는 염증을 줄이는 것이다. 노인들을 단 6분 동안 빨리 걷기를 하는 것만으로도 염증이 감소하는 것으로 나타났다.

다음으로 양질의 대량영양소를 식사를 통해 섭취해야 한다. 영양소의 종류를 알고 알맞은 비율로 섭취를 해야 하는데, 다이어트유행으로 탄수화물, 지방, 단백질이 풍부한 식품을 번갈아가면서 나쁜 음식으로 취급해왔는데, 탄수화물도 좋은 것과 나쁜 것이 있고, 지방도 좋은 지방과 나쁜 지방이 있다. 좋은 탄수화물 45%~65%, 좋은 지방 20~35%, 단백질 10~35% 섭취하고, 식이섬유도 매일 충분히 섭취해야 한다. 가공 포장된 식품보다는 유기농 원료로 만든 음식을 섭취하고, 채소류를 충분히 섭취하는 것이 좋다.

먹는 것의 대부분이 대량영양소와 관련 있다면, 미량영양소는 우리가 먹는 음식에는 소량이긴 하나 매우 중요한 영양소이다. 미량영양소에는 비타민, 미네랄, 식물 내재 영양소를 포함하는 것이다. 비타민이나 미네랄과 마찬가지로 식물영양소도 건강식품이나, 건강기능식품을 통해 섭취할 수 있다. 물론 되도록 음식을 통해 많은 미량영양소를 섭취하는 것이 가장 바람직하며 건강한 식사의 핵심 요소임은 틀림없다. 하지만 최적건강관리는 결핍증을 예방하는 것보다는 만성질환을 예방하는 것이기 때문에 충분한의 영양소를 공급해줘야 할 필요가 있는 것이다.

마지막으로 중요한 것은 사람의 심적, 정신적 건강이 인체생리학적 건강까지 지배한다. 몸을 움직여 운동하듯 마음을 훈련시켜보고 긍정적인 것들을 강조해봐야 한다. 만성적으로 우울하고 걱정 많고, 화를 잘 내고 비관적이라면 육체적 건강을 해칠 것이고, 수명을 단축시킬 수 있음을 기억해야 한다.

완벽주의는 최적건강관리의 적이다. 마음을 편하게 가져야 한다. 대중적인 건강 문화는 완벽하게 따르지 못하면 아무 소용이 없다는 생각을 주입시켰다. 이러한 생각은 많은 사람들이 건강관리 계획을 시도조차 하지 못하도록 의욕을 상실하게 된다. 최적건강을 위해 내딛는 걸음은 설령 한 걸음일지라도 어느 정도 건강에 도움을 준다. 완벽하게 실천할 수 있는 사람은 드물지만, 할 수 있는 만큼 최선을 다한다면 건강한 삶을 살 수 있는 가능성이 상당히 높아질 것이다.

장을 뒤집으면 피부가 되고, 피부를 뒤집으면 장이 된다.

몸내부의 장을 뒤집으면 피부가 된다. 그러므로 피부에 나타나는 증상 및 문제는 대부분 장의 문제로 나타나기 때문에 장 관리를 잘해야 한다. 장 내벽에 존재하는 수 많은 미생물과 접촉하고 정보를 주고받는 것처럼 피부에도 수많은 미생물이 존재하고 있다. 피부에 존재하는 균을 '피부 상재균'이라 하는데, 약 1천 종 이상의 상재균이 미생물군유전체와 우리 몸 전체의 홀로바이옴을 구성하고 있다.

피부에 존재하는 유익균은 다양한 방식으로 피부를 보호하기 위해 작용한다. 어떤 박테리아는 병원균과 싸워 항균작용을 하고, 또 다른 박테리아는 유해 미생물을 막기 위해 피부 지방질을 사용하여 짧은사슬지방산을 만들어 낸다. 또 다른 박테리아는 리포테이코산을 분비하여 피부에 염증이 생기지 않도록 사이토카인 분비를 억제시킨다. 그러므로 피부를 보호하기 위해서는 피부 미생물균총 구성이 다양해져야 한다. 모든 생명체의 장수와 문제가 발생되지 않도록 하기 위해서는 다양성이 필요하다. 하지만 우리는 피부에 존재하는 유익균에게 좋지 않은 생활을 하고 있다. 세균은 무조건 나쁘다고 판단하여 항균비누와 항균 세제로 마구 씻어 냈기 때문에 피부 세균의 다양성이 많이 떨어져 있는 상태여서 피부 관련 질환이 많이 발생할 수밖에 없는 상태를 만들어 내고 있는 것이다.

피부에 문제가 나타나지 않도록 하기 위해서는 햇볕을 많이 쬐면 안된다는 말을 많이 하는 경우가 있는데, 과연 햇볕이 피부에 문제를 일으킬 것인가? 우리 몸은 그렇게 호락호락 문제를 일으키지 않는다. 햇빛 없이는 어떤 생명체도 살아가기가 어렵다. 생명유지에 햇빛은 필수물질이다. 피부 세균은 햇빛에 얼마나 노출되었는가 상관없이 피부암을 막아준다. 건강한 피부에는 피부암을 막아주는 박테이라인 "6-HAP6-N-hydroxyamino-purine이라는 물질을 생성하여 여러 종류의 암세포를 죽이지만 건강한 세포에는 전혀 문제를 일으키지 않는다. 피부암 환자는 피부암을 예방해 주는 6-HAP물질이 부족해졌기 때문이다. 피부질환이 있는 사람들은 피부 유익균보다 유해균이 많기 때문이다. 피부 세균총의 불균형으로 질병이 발생되는 것이다. 피부 세균도 장내 유익균처럼 위험을 감지하면 면역반응을 일으킨다. 우리의 피부는 최전방 방어전선이다. 외부로부터 유해균이나 병원균의 침입을 막기 위해 날마다 전쟁을 벌이고 있다. 이 전쟁에서 승리하도록 하기 위해서는 유익균을 없애는 행위는 삼가야 한다.

우리 피부 유익균에 도움이 되는 성분을 섭취하는 것이 건강에 도움이 될 것이다.

🍃 폴리페놀

폴리페놀은 과일, 채소, 차 등에 함유된 식품화합물로 노화예방에 도움이 되는 항산화 작용으로 자가 포식을 촉진하고 인지 수행력을 높이고 활성산소를 제거하는 역할을 한다. 과일과 채소의 다양한 색깔과 맛, 향은 이 폴리페놀 때문이다.

장내 유익균은 이 폴리페놀을 좋아한다. 올리브유가 장과 뇌 건강에 도움이 되는 이유도 이 폴리페놀 성분이 많기 때문이다.

석류, 산딸기, 블랙베리 등에 함유된 폴리페놀은 기미, 주근깨, 색소침착을 줄이는데 효과가 있다. 피부에 좋은 폴리페놀중 하나는 크랜베리씨 오일이다. 크랜베리에 함유된 카테킨 성분은 세포 스트레스와 세포사를 예방해 주름이나 피부처짐, 피부노화방지에 효과적이고, 항균, 항염 작용도 뛰어나다.

케르세틴, 미리세틴도 크랜베리에 함유된 폴리페놀 성분인데, 케르세틴은 피부진정효과, 미르세틴은 피부세포에 수분공급으로 탄력 있는 피부를 만들어 준다. 요즘은 크랜베리가 보충제로도 많이 나와 있기 때문에 쉽게 구입하여 섭취할 수 있다.

야생참마는 '디오스코리아 빌로사'인데 사포닌의 일종인 디오스게닌이 많이 함유되어 있다. 디오스게닌은 항염증, DNA합성을 강화해 피부 세포 재생, 미백, 검버섯 예방, 콜라겐 재생에 도움이 된다.

이외에도 폴리페놀 성분이 많이 함유된 것으로는 강황, 생강, 계피, 정향, 페퍼민트, 오레가노, 세이지, 로즈메리, 타임, 바질, 체리, 라즈베리, 블루베리, 허클베리, 코코아, 녹차, 홍차, 레드와인, 아마씨, 참깨, 밤, 호두, 엑

스트라버진올리브유, 참기름, 코코넛 오일 등이다.

뭘 먹어야 하는 것 보다 뭘 먹지 말아야 할 것인가가 더 중요하다.

몸을 정화시키기 위해서는 외부에서 새로운 것을 넣어주는 것보다 우선시 되어야 할 것은 우선 비우기를 먼저해야하고 뭘 먹지 말아야 할 것인가 생각해야 한다. 우리는 이제 채우는 연습보다는 버리는 연습을 많이 해야 한다. 장내 미생물 건강을 위해 유해한 균을 번식시키는 음식을 최대한 줄이고 유익균에 도움이 될 음식 섭취를 해야 한다.

장내 유익균을 위한 먹거리는 식이섬유이다. 프로바이오틱스는 장내 유익균이고, 프리바이오틱스는 장내 유익균이 좋아하는 긴 사슬 형태의 섬유질이다. 프리바이오틱스가 장내 유익균의 먹잇감이다.

장내 미생물이 좋아하는 최고의 먹잇감은 고구마, 버섯, 토란, 참마, 아마씨, 돼지감자, 치커리, 아티초크, 파스닙, 라디치오인데 이런 음식에는 아커만시아 박테리아가 좋아하는 이눌린이 풍부하다.

치커리에 포함된 이눌린도 장내 유익균인 아커만시아가 가장 좋아하는 먹잇감이다.

아마씨는 프리바오틱스와 폴리페놀의 일종인 리그난이 풍부하다. 리그난은 호르몬을 조절해주는 역할도 하기 때문에 호르몬 균형이 깨져 있는 사람에게도 좋다. 비타민B군, 식물성 오메가3지방산이 많이 함유되어 있고, 항염증성 알파리놀렌산인 ALA가 많이 함유되어 있다.

아마씨는 그대로 섭취하면 몸에 좋은 성분이 흡수되지 않기 때문에 가루나 기름 형태로 섭취하는 것이 좋다. 아마씨는 피부 세균에도 좋기 때문에 아마씨 가루로 바디 스크럽 대용으로 사용하거나 피부 보습제, 헤어 에센스로 활용해도 좋다.

이외에 십자화과 채소, 견과류, 양파, 마카다미아, 버섯류가 좋다. 버섯류에는 에르고티오네인과 글루타티온 물질로 활성산소를 줄여 항노화에 도움이 된다. 버섯류 중 포시니porcini가 폴리페놀 함량이 가장 높다. 다음으로 흰 양송이버섯인데, 버섯은 다당류가 많아 면역계가 과잉반응하지 않도록 도와주는 역할을 한다.

버섯이 몸에 좋은 진짜 이유는 폴리아민 성분 때문이다. 폴리아민은 스페르미딘이라는 화합물로 노화방지에 도움을 주고 심장을 보호하는 효과가 있다. 버섯은 스페르미딘을 공급받을 수 있는 가장 좋은 음식이다.

과일은 제철과일을 섭취해야 하고 당분이 적은 과일을 먹어야 한다.

요즘은 대부분 철에 상관없이 과일이 쏟아져 나오고 있다. 햇빛을 많이 받지 못하고 온도만 유지해서 과일을 재배하다보니 당도가 떨어지는 것은 당연하다. 그래서 당도를 높이기 위해 인위적으로 당분을 살포하여 당도를 올리는 경우가 많다. 우리 몸에 도움이 되고 노화 예방에 도움이 되는 것들은 당분이 적은 과일이다.

아보카도, 그린 바나나저항성 녹말이 풍부하여 장내 유익균에 도움, 라즈베리, 오디, 블랙베리, 무화과, 코코넛 등을 섭취해야 한다. 설탕이 첨가된 것들은 잘 확인해서 절대 섭취하지 말아야 한다.

그리고 오메가3가 풍부한 좋은 기름을 섭취해야 한다. 오메가3에 함유된 EPA, DHA에 함유된 리졸빈이라는 성분이 염증 억제에 큰 역할을 한다. 오메가3는 학습능력과 행동능력 향상 및 ADHD주의력 결핍 및 과잉행동장애 개선에 도움이 된다.

들기름, MCT중간사슬지방오일은 액상 코코넛 오일로 케톤으로 전환 될 수 있는 지방이다. 올리브유, 마카다미아 오일, 아보카도 오일, 호두 기름 등을 섭취하고, 식용유, 해바라기씨유, 카놀라유 등은 삼가는 것이 좋다.

📖 장내 유익균에 치명적이고 유해균에 도움이 되는 음식

장내 유익균에 도움이 되는 먹거리를 언급했다. 그렇다면 장내 유익균에 해가 되고 장을 손상시키는 역할을 하는 유해균에 도움이 되는 음식을 삼가야 한다.

첫 번째로 단당류의 탄수화물이다. 단당류는 장내 유해균에게 가장 좋은 먹잇감이다. 과일의 당도 마찬가지다. 과일이라 괜찮을 것이다. 라는 생각은 금물이다. 제철에 나오지 않는 과일은 당도가 높은 과당으로 유해균 증식에 도움이 된다. 진짜 천연당이 아닌 가짜 천연당을 섭취하는 경우가 너무 많다. 나쁜 세균도 설탕을 좋아하고, 암세포도 설탕을 좋아한다. 설탕을 줄이는 것은 유익균에 도움이 되고 유해균을 줄이는 좋은 방법이다. 제철에 나오지 않는 과일의 섭취도 제한해야 한다.

당도가 높은 것들에는 포도, 망고, 익은 바나나, 사과, 파인애플, 배 등이 당도가 상당히 높다. 이외에도 설탕대체제로 사용되고 있는 수크랄로스, 사카린, 아스파탐 등은 장 건강에 아주 좋지 않다. 인공 설탕은 진짜 설탕이 하는 것과 같이 뇌에 쾌락신호를 보낸다. 인공설탕은 뇌에 포도당으로 작용하지 않아 지속적으로 음식을 섭취하게 된다. 그럼으로 비만과 기타 여러 질환이 발생되게 되는 것이다.

우유, 유제품, 포화지방, 땅콩기름, 식용유, 카놀라유, 해바라기씨유, 옥수수유, 홍화유 등은 염증을 일으키고 유해균을 번식시키기 때문에 가급적 삼가야 한다.

🔲 롱제비티Longevity를 위한 식단

🥄 장수를 위한 식단 제안

첫 번째, 한 달 프로그램으로 한 달 동안 동물성 단백질 섭취를 제한하고, 하루 900kcal 이상 섭취하지 않도록 한다.

두 번째, 육체적인 정화뿐만 아니라 뇌 정화를 위해 일주일에 한번 하루 동안 물외에 아무것도 먹지 않는다.

세 번째, 1주일에 2회 정도 600kcal 정도로 칼로리를 제한한다.

네 번째, 기능한 이침에는 공복상대를 유지한다.

우유, 유제품, 설탕, 당도 높은 과일, 육류, 달걀, 가지, 고추, 토마토, 감자, 옥수수기름, 식용유, 카놀라유, 해바라기씨유 등 앞에서 언급한 음식은 모두 삼간다.

십자화과 채소브로콜리, 청경채, 배추, 양배추, 콜라비 등, 무, 치커리, 비트, 돼지감자, 당근, 양파, 마늘, 파슬리, 버섯, 상추, 바질, 시금치, 쇠비름, 해초, 아보카도, 호두, 잣, 아몬드, 코코넛, 아마씨, 햄프씨, 밤, 헤이즐넛, 햄프씨오일, 코코넛 오일, 올리브유, 들기름, MCT오일, 아마씨유, 호두기름, 마카다미아오일, 레드팜 오일, 쌀겨 오일, 레몬, 겨자, 천일염죽염, 용융소금 등, 향신료, 허브티, 커피, 다크초콜릿카카오72%이상, 고구마, 토란, 그린바나나, 고구마, 밤, 블루베리, 라즈베리, 복숭아, 무화과, 살구, 감귤류, 오디 등은 섭취해도 좋다.

장수를 위한 해독 프로그램 대안

1주차 1일~7일

- 아침, 점심, 저녁으로 일반 식사를 하지 않고, 비타민, 미네랄, 유산균, 단백질, 식이섬유 섭취, 물 하루 2리터 정도를 반드시 섭취하도록 한다. 찬물금지

2주차 8일~14일

- 아침 : 비타민, 미네랄, 유산균, 식이섬유, 단백질
- 점심 : 채소위주 식사
- 저녁 : 비타민, 미네랄, 유산균, 식이섬유, 단백질

3주차_1 15일~21일

- 15일 : 하루동안 물 외에 완전 금식

3주차_2 16일~21일

- 아침 : 비타민, 미네랄, 유산균, 식이섬유, 단백질
- 점심 : 채소위주 식사
- 저녁 : 채소위주 식사

4주차_1 22일~28일

- 22일 : 하루동안 물 외에 완전 금식

4주차_2 23일~27일

- 아침 : 비타민, 미네랄, 유산균, 식이섬유, 단백질

- 점심 : 채소위주 식사
- 저녁 : 비타민, 미네랄, 유산균, 식이섬유, 단백질

4주차_3 28일

- 하루 물 외에 완전 금식

건강식품 보충제 필요할까?

요즘 들어서는 많은 사람들이 건강식품 두세 가지 정도는 섭취하고 있는 듯 하다. 하지만 이런 보충제를 굳이 섭취하지 않아도 된다고 주장하는 사람들이 있어 선택의 어려움을 느끼는 경우도 많다.

현대인들은 건강을 위해 유기농을 찾아 섭취하려고 노력한다. 하지만 과연 이 유기농이 얼마나 유기농이며, 전혀 문제가 되지 않고, 충분한 영양가치가 있을 것인지 한번쯤 생각해봐야 한다.

우리는 혼자 멀리 떨어져 오염되지 않는 환경에서 살아가는 것이 아니기 때문에 보충제 없이 필요한 모든 영양소를 골고루 섭취하기 어렵다.

현대인들에게 비타민D3와 비타민B군은 반드시 필요하다. 자가면역질환의 경우 대부분 비타민D3가 부족한 경우가 많다. 매일 10,000IU정도로 섭취해야 한다. 그리고 먹거리의 문제로 장내 미생물의 불균형이 많이 발생되기 때문에 비타민B군 섭취가 필요하다. 비타민B군은 대부분 장내 박테리아가 만들어 낸다. 장이 좋지 않는 사람은 비타민B9 엽산과 비타민B12 코발라민이 부족할 가능성이 높다. 엽산과 B12 보충제로 유전적 돌연변이가 생기지 않도록 할 수 있다. 비타민B군은 호모시스테인이라는 아미

노산에 메틸기를 제공하여 인체에 무해한 물질로 바꿔주기 때문에 반드시 필요하다. 비타민B군은 호모시스테인 수치를 항상 정상 범위로 낮춰주는 역할을 한다.

앞에서 언급한 폴리페놀은 강력한 항산화작용으로 장내 유익균에 의해 대사작용을 거치는 과정에서 유익한 효과를 나타낸다. 보충제 형태로 폴리페놀이 가장 많이 함유된 것은 소나무껍질 추출물인 피크노제롤이다. 이외에도 폴리페놀 공급원은 녹차, 코코아, 계피, 오디, 석류 등이다.

롱제비티장수를 위해서는 소식해야 한다.

잘 먹어야 건강하고 장수 할 수 있다는 얘기는 옛날이야기다. 요즘 사람들은 너무 많이 섭취해서 문제가 많다. 기존의 몸 상태를 그대로 두고 깨끗한 것을 몸속으로 들여보내는 것이 건강해질 수 없다.

먼저 해야 할 일은 몸속의 것을 비워내는 것이다. 먼저 깨끗이 청소부터 해야 한다. 우리 몸은 나름대로 청소기능을 잘 담당하고 있다. 하지만 나이가 들면서 몸속 청소기능은 약해진다.

우리 몸의 세포는 분열 횟수가 제한되어 있다. 이를 헤이플릭한계Hayflick Unit라 한다. 지구상의 모든 생명체는 죽음으로 가는 길로 설계되어 있다. 세포 안의 염색체 끝의 텔로미어가 분열하며 줄어든다. 줄어든 텔로미어는 손상된 DNA로 간주되어 세포는 분열을 정지시켜 암이 되는 것을 막는다. 분열 정지된 세포는 그 상태에서 계속 일을 하면서 노화가 일어난다. 그러다가 어느 정도 지나면 세포는 스스로 자살한다. 세포자살 유전자P53유전자 스위치가 켜지면서 세포 스스로 몸속을 정리, 분해, 청소한다. 이후 마지막으로 면역세포에 신호를 보내 잡아 먹힌다. 건강하고 젊은 세포로 인해 나를 건강하게 살도록 만들어주고 자신은 사멸한다. 이처럼 우리 몸의 세포는 이기적으로 살아가는 것이 아니라 철저히 나를 건강하게 살아가도록 스스로 죽어주는 이타적인 삶을 산다.

나이가 들면 청소기능이 떨어지고, 면역세포들도 약해진다. 이를 예방하기 위해서는 우리는 스스로 독소 노폐물이 많이 유입되지 않도록 해야 한다. 모든 생명체는 청소가 필요하다. 동물이나 식물 마찬가지다. 이제 우리는 채우는 것보다 비우는 연습을 많이 해야 한다. 우리 안에 있는 것들, 내가 가지고 있는 것들 비워내는 것을 많이 해야 한다. 청소를 잘하는 것이 장수의 길이다.

평상시 청소가 잘되도록 하는 가장 좋은 방법은 소식이다. 공복상태를 유지하고 소식을 생활화 할 수 있도록 노력해야 한다. 약12시간 이상 공복상태를 유지하면 세포재생이 빨라지고, 인체정화작용이 활발해져 항노화작용으로 건강한 몸과 마음을 만드는데 많은 도움이 된다.

생체시계 교란이 건강에 문제를 일으킨다.

현대인들의 대부분이 생체리듬이 깨지는 생활패턴을 가지고 있다. 저녁 네온사인으로 활동량이 늘어나고 일도 끊이지 않고 하는 교대근무가 많아지고 있다. 이런 상황이 지속되면 인지와 행동에 문제가 발생하게 되고 비만율도 높아지게 된다.

이런 생체시계가 반복적으로 교란되면 건강에 문제가 발생하게 된다.

신체의 모든 기관이 정상적으로 작동하지 않고 제대로 기능하지 못하게 된다. 이렇게 되면 면역체계가 약해지고 세균과 바이러스에 취약하게 되어 건강상의 문제가 생긴다. 특히, 비만, 당뇨, 소화기계질환, 심뇌혈관질환, 암 등이 많이 발생하게 된다.

세계보건기구 산하 국제암연구소에서 교대근무를 잠재적 발암원으로 분류했다.

생체리듬의 교란으로 불안장애, 공황장애, 우울증, 조울증, 편두통, 발작, 다발성경화증, 알츠하이머, 파킨슨병, 관절염, 천식, 림프종, 다낭성난소증후군, 유산, 불면증, 장누수증후군, 크론병, 대사증후군, 비만, 고혈압, 부정맥, 암 등의 질환이 발생할 가능성이 높아진다.

우리 몸은 매일 특정한 리듬을 거치도록 프로그램 되어 있다. 그러므로 우리는 자연스런 생체리듬을 위해 생활방식을 자연의 순리대로 최적화시켜야 한다.

건강하다는 것은 저녁이 되면 긴장이 풀리고 피로감을 느껴 별다른 노력 없이 수면을 취하게 되는 것이다. 성장 호르몬은 잠자는 동안 분비된다. 그러므로 충분한 수면을 취해야 성장 호르몬이 잘 분비된다. 성장 호르몬은 아이들의 성장에 관여하지만 성인들에게는 노화지연과 관련이 된다. 잠자는 동안 뇌는 해독작용이 일어난다. 낮 동안 뇌 세포는 영양분을 흡수 처리하는 과정에서 독소를 만들어낸다. 이런 독소는 잠자는 동안 깨끗이 처리되고 신경발생 과정을 통해 새로운 뇌 세포가 생성된다.

생체시계는 하루 주기 리듬을 생성하기 위해 빛과 음식의 타이밍과 상호작용하는 인체내 타이밍 시스템이다. 우리는 최적의 건강 상태를 유지할 수 있도록 이 생체시계를 잘 유지해야 한다. 자연의 순리에 잘 조화를 이루는 것이 건강을 유지할 수 있다.

자연스런 수면 패턴을 지연시키면 두뇌발달에도 문제가 나타나고, 주의력결핍 과잉행동장애, 자폐 등이 충분한 수면을 취하지 못하고 낮에 대부분 실내에 머물러 있는 것과 연관되어 있다. 7시간 정도의 수면 패턴을 유지하는 것이 정신적, 육체적 건강에 도움이 된다. 건강은 스스로 어떻게 습관화 시키느냐에 달려있다. 습관적인 행동을 교정하는 것이 생체주기 코드를 향상시키는 열쇠다.

🔲 체중감량을 위해 음식을 섭취하는 생체시계를 조정해야 한다.

요즘 많은 사람들이 건강을 유지하기 위해 다이어트를 하고 있고, 다이어트를 위해 많은 노력을 하고 있고, 이러한 노력에도 불구하고 성공하는 확률은 많지 않음으로, 수많은 다이어트 방법이 나오고 있다.

칼로리 제한을 하는 것이 몸속 독소를 제거하고 세포재생을 위해서도 중요하다. 하지만 무작정 칼로리를 제한하는 것보다는 어느 시간대에 음식을 섭취하고 언제 음식을 섭취하지 않느냐가 중요하다.

저열량 음식을 잠잘 시간에 섭취하면 체중 감소 효과가 나타나지 않는다. 장시간에 걸쳐 열량을 분산해서 섭취하면서 밤늦게 까지 섭취하면 체중이 많이 감소하지 않는다. 하지만 낮 동안에는 충분히 음식을 섭취하고 밤에는 음식을 섭취 하는 것을 삼가면 체중이 상당히 줄었다는 것이다. 어떤 종류의 칼로리 제한 다이어트를 하더라도 언제 먹느냐가 어떤 음식을 먹느냐보다 중요하다.

칠후불식 저녁7시 이후에는 먹지 마라을 지켜본다면 건강하게 체중조절을 할 수 있다.

음식 섭취 시간을 12시간 이내로
제한하면 건강을 유지하는데 도움
이 된다. 하지만 이 시간을 11시
간으로 제한하면 효과는 두 배
가 되고, 10시간으로 제한하면 다
시 두 배가 되고 8시간까지 제한
하면 상상외의 효과를 기대할 수
있다.

음식섭취 시간을 낮 12시부터 저녁 7
시까지로 제한해보길 바란다. 열량을 계산해가면서 다이어트를 하는 것
이 아니라 섭취 시간을 제한하면 훨씬 더 효과적이다. 먹는 시간을 훈
련하여 제한해보자. 체중감량 효과가 가장 큰 경우는 음식 섭취 시간을
8~9시간 이내로 제한할 때다.

우리 몸의 지방은 마지막 식사를 한 후 6시간~8시간이 지나야 연소가
시작된다. 음식을 섭취하지 않는 공복시간이 12시간이 지나면 기하급수
적으로 연소량이 증가하게 된다.

처음 시도하면 이런 타이밍을 유지하기 어려움이 많을 것이다. 하지만
조금씩 적응시켜 나가야 한다. 처음에는 12시간아침 8시~저녁 8시로 하다가 차
츰 줄여나가면 노화지연과 건강유지에 많은 도움이 될 것이다.

이렇게 식사 시간을 제한하면 근육이 분해되어 근육량이 줄어들 것이
라 생각하지만 실제로는 근육량은 감소하지 않고 지방량만 감소한다.

식사시간 제한과 지구력 운동을 병행하면 효과가 배가 된다. 근육 복구
및 재생이 증가하여 근육량을 유지하고 형성하는데 도움이 된다. 운동은
공복감을 일으키는 그렐린 호르몬을 감소시키고 포만감 호르몬을 증가
시킨다. 그러므로 운동을 습관화시켜 꾸준히 하는 것이 중요하다.

젊음을 유지하면서 건강한 삶의 길로 향하게 하는 착한 호르몬

젊음을 유지하면서 건강하게 사는 것, 모든 사람들의 바람이다. 젊고 건강하게 살기 위해서는 호르몬의 노화를 방지하고 균형을 유지하는 게 중요하다. 호르몬은 우리 몸에서 분비되는 물질로, 몸속을 돌며 다른 기관이나 조직이 활동하는 것을 도와주거나 억제하는 물질이다. 매우 적은 양으로도 몸의 상태와 생리작용을 조절하고, 특별한 이동 통로 없이 혈관이나 림프관을 통해 움직이는데, 건강하게 오래 살기 위해서는 호르몬의 노화를 방지하고 균형을 유지하는 게 중요한데, 이런 호르몬의 정보 교환을 통해서 우리 몸이 균형을 유지하게 되는 것이다. 그런데 이런 호르몬 중에서도 착한 호르몬이 있다.

아디포넥틴이라고 하는 호르몬이다. 아디포넥틴은 지방 세포에서 분비되는 호르몬인데, 대사증후군이나, 동맥경화 등 생활습관병의 대책은 물론, 현대인의 사망 원인 중 다수를 차지하는 암에 대해서도 그 증식을 억제하는 예방효과를 얻을 수 있는 착한 호르몬이다. 아디포넥틴 호르몬 우리 몸에서 여러 가지 작용을 가지고 있지만 요즘 들어 가장 주목받고 있는 것이 혈관을 회복시켜 동맥경화를 막는 작용이다.

우리 몸의 혈관은 당이나 지질, 유해물질 등으로 인해 손상되고 있고, 이런 손상으로 콜레스테롤이 쉽게 들어붙게 되며, 혈관 벽에 쌓여 혈관을 막히게 함으로써 동맥경화나 고혈압, 심근경색이나 뇌경색의 원인이 되는데, 아디포넥틴에는 혈관 속 상처를 회복하는 작용이 있고, 인슐린 기능 강화 작용으로 생활습관에서 오는 제2형 당뇨병 등에 대한 효과적인 예방과 치료 작용이 있다.

이 호르몬이 지방 세포에서 나오는 호르몬이라고 했는데, 그럼 비만인 사람, 지방이 많은 사람은 이 호르몬이 더 많을까? 내장지방에서는 호르몬을 포함한 여러 가지 생리 활성물질이 분비되는데 그 중에는 나쁜 물질도 많이 있고, 내장지방은 혈액 속에서 지방을 유리시켜 지방의 양을 늘리기 때문에 지질 이상의 원인이 되기도 한다. 아디포넥틴은 지방 세포에서 분비되기 때문에 지방의 양이 많을수록 아디포넥틴 양도 많아질 것이라고 생각하기 쉽지만 실제로는 비만일수록 분비량이 저하되며, 같은 지방이라 하더라도 피하지방이 아니라 내장지방이 많을 경우 분비량이 현저히 줄어들게 됩니다. 정상적인 크기의 지방 세포에서는 착한 아디포넥틴이 많이 분비된다.

아디포넥틴 호르몬이 많이 분비되면 장수할 수 있을 것인가? 장수 및 노화와 관련된 유전자가 50~100개 정도 발견되었는데 그 중에서도 주목받는 것이 'Sir2유전자'다. 시트루인 유전자 중 하나인 Sir2유전자는 누구든지 가지고 있다. 단 이 유전자가 켜져 있는 상태인지 여부, 활성화된 상태인지 여부에 따라 유전자의 혜택을 받을 수 있을지 없을지가 결정되는 것이다.

장수 유전자로 알려진 시트루인 유전자는 과잉 영양상태에서는 작동되지 않는다.

이 장수 유전자는 수명과 노화, 병을 동시에 예방해주는 기능에 관여하고 손상되거나 병든 유전자를 회복시킨다. 항상 과식을 한다거나, 인스턴스식품이나 패스트푸드를 즐겨먹고, 수시로 간식을 먹어 잠시라도 배고픈 상태가 없다면 장수 유전자는 활성화 상태가 아니다. 이제부터는 "때가 되니 먹어야 한다."는 고정관념을 버리고 배고픔의 신호가 나면 장수 유전자가 발동하고 있다고 생각하면 된다.

아디포넥틴 호르몬을 위해 지방은 중요하다. 기름은 몸의 세포막을 조절하는 데에 있어 없어서는 안 될 정도로 꼭 필요한 물질이다. 오메가3 계통 기름에는 알파 리놀렌산들기름, 아마씨 기름이나 생선에 많은 EPA, DHA 등이 있는데 동맥경화 예방에 효과적이다.

오메가3 계통은 대두계통 기름으로, 리놀산홍화씨기름, 콩기름, 참기름 등이 있는데, 적당하게 섭취하면 전반적으로 콜레스테롤을 억제하는 효과가 있고, 오메가6 계통의 불포화지방산인 아라키돈산은 세포염증, 즉 노화를 촉진시키는데, 페스트푸드, 인스턴트식품, 마가린 등은 오메가6 계통이 많으므로 너무 많이 먹지 않도록 주의가 필요하다. 오메가9 계통의 기름은 올레인산올리브오일, 아보카도 오일 등인데 몸에 해로운 LDL콜레스테롤을 줄이고 몸에 좋은 HDL콜레스테롤을 늘려준다.

아디포넥틴을 증가시키는 음식에는 생강, 울금, 두부, 낫토, 콩, 코코넛오일 등이 있는데, 코코넛오일은 활성산소를 해롭지 않게 만드는 기능도 갖고 있어 건강과 노화방지에 효과가 있다. 그리고 대두단백질에 아디포넥틴의 혈중 농도를 높이는 효과가 있다. 그리고 마그네슘이 아디포네틴 분비를 도와준다.

마그네슘이 부족하면 고혈압, 당뇨병, 부정맥, 경련을 일으킬 수 있다. 두부에 마그네슘이 많이 함유되어 있고, 건강차로 인기를 끌고 있는 두충차가 마그네슘 섭취에 효과적인 차다. 마그네슘이 많이 함유된 식품은 두부, 아몬드, 바나나, 아욱, 톳, 우엉, 호박씨, 미역, 다시마, 녹황색 채소, 울금, 두충차 등이다.

🔳 살찐 엄마, 살찐 아기

 현대인들은 영양과잉 상태라고 하는데, 실제로는 칼로리의 과잉이지 영양의 과잉이라고 보기는 어려운 상태가 대부분이다. 대부분 사람들의 식습관 상태를 보면 최적의 영양소 공급이 안 되는 경우가 많다. 이렇기 때문에 영양의 불균형인 경우가 많은데, 비만인 엄마에게 태어난 아이들은 장차 비만증이나 대사장애를 겪게 될 위험성이 크다. 엄마가 임신 중에 당뇨병에 걸리면 더욱 비만이나 신진대사 장애가 나타날 확률이 높다. 결론적으로 엄마가 섭취하는 음식물에 의해 영향을 직접적으로 받는다. 엄마가 지방이 많은 음식을 섭취할수록 아기에게는 그 만큼 문제가 발생할 소지가 많다.

 그러므로 엄마가 최적의 영양을 잘 공급받는다면 아이에게 미치는 부정적인 영향은 충분히 예방될 수 있다.

 태어난 이후 비타민B6, 아연, 철분 등 영양소가 결핍되면 신체적 성장뿐만 아니라 정신적인 성숙에도 문제가 발생한다.

참고문헌

- Steve Nugent : 잃어버린 영양소, 도서출판 용안미디어, 2007.
- 全炫靜, 金明珠 : 대체의학-건강대체요법, 정담미디어, 2005.
- 王魯芬 : 中醫診斷學, 上海中醫藥大學出版社, 2006.
- 가네고이마아사오 : 쾌적입욕, 요요출판사, 1991.
- 가정의학대사전 : 금성출판사, 1988.
- 기준성 : 자연건강교실, 금유출판사, 1992.
- 김동하 : 東醫診斷入門, 한빛사, 2008.
- 김동하 : 대체의학개론, 도서출판동우, 2009.
- 김동하 : 동양의학의 이해, 한올출판사, 2010.
- 김동하 : 보완대체의학개론, 한올출판사, 2010.
- 김동하 : 신비로운인체 건강의 답은 효소에 있다, 한올출판사, 2012.
- 김상태 : 21세기 건강과 장수의 파수꾼 당질영양소, 월드북, 2007.
- 김은기 - 톡톡바이오노크. 전파과학사.
- 로날드 슈베페, 알요사 슈바르츠 : 보석치료, 도서출판 다른우리, 2003.
- 리차드블리뷰 : 내 몸의 독소를 없애는 페스코 밥상, (주)한언, 2006.
- 마크그리프 – 모든 것에 반대한다. 은행나무.
- 몬티라이먼 - 피부는 인생이다. ㈜로크미디어.
- 박경호 : 내몸안의독 생활습관으로 해독하기, (주)도서출판 길벗, 2006.
- 박인국 : RNA효소의 촉매작용, 동국대학교 출판부, 2000.
- 빌브라이슨 - 바디 우리 몸 안내서. 까치.
- 사친판다 - 생체리듬의 과학. 세종.
- 스티븐R,건드리 – 오래도록 젊음을 유지하고 건강하게 죽는 법, ㈜로크미디어.
- 시라이아사코 : 중온반복입욕법, CBS 소니출판, 1991.
- 신도 요시하루 : 내 몸을 살리는 히에토리 냉기제거 완전건강인생, 중앙생활사, 2006.

참고문헌

· 쓰루미 다카후미 : 효소가 생명을 좌우한다, 배문사, 2008.

· 아보 도우루 : 면역학입문, 도서출판 아이프랜드, 2008.

· 아보 도우루 : 면역혁명, 부광출판사, 2005.

· 아보 도우루 : 체온면역력, 중앙생활사, 2009.

· 안도요시키 : 당사슬(Sugar chain)의 파워, 아이프렌드, 2008.

· 애덤피오리 - 신체설계자. 미지북스.

· 에드워드하웰 : 효소영양학개론, 도서출판 한림원, 2003.

· 에모토 마사루 : 물은 답을 알고 있다, 나무심는 사람, 2005.

· 엘케 뮐러 메에스 : 컬러파워, 베델스만 코리아(주), 2003.

· 와카이도시가라 : 입욕혁명, 선본사, 1990.

· 윌리엄 레이몽 : 독소-죽음을 부르는 만찬, 랜덤하우스코리아(주), 2008.

· 윤국병, 장준근 : 몸에 좋은 산야초, 석오출판사, 1992.

· 이준숙 : 의사가 당신에게 알려주지 않는 다이어트 비밀43가지, 모아북스, 2009.

· 한스 콘라트 비잘스키 - 1000일의 창 음식이력서. 대원사.

· 해독한의원 : 내몸을 살리는 해독, 느낌이 있는 책, 2007.

· 허갑범 : 양양의학, 고려의학, 2002.

· Elkins R : Miracle Sugars, Woodland, Uthah, 2003.

· James Collman : Naturally dangerous, dasanbooks, 2008.

· Robert K. murray : Harper's Illustrated Biochemistry, Large Medical Books/Mc-Graw-Hill, 2003.

· Steve Nugent : The Missing Nutrients, Alethia, Arizona, 2005.

· www. naturallydangerous.com

저자소개

이준숙

- 한성대학교 예술대학원 뷰티예술학과 교수
- 한국뷰티아카데미원장
- 한국비만치유연구소 수석연구원
- 삼성경제연구소 SERI 한국비만치유포럼 대표
- 통합의학 박사 수료

경력

- 한국다이어트코치 협회장
- 평생교육실천포럼 운영위원
- 여성인력개발센터 운영위원
- 한국문화예술사회교육원 비만건강치유학과 학과장
- 덕성여자대학교 평생교육원 다이어트프로그래머과정 주임교수
- 인천여성의 광장 다이어트코치과정 주임강사
- 국제건강코디네이터연합회 전임강사

저서

- 의사가 당신에게 알려주지 않는 다이어트 비밀43가지
- 허브, 내 몸을 살린다
- 다이어트 정석은 잊어라
- 내 몸을 살리는 해독주스

평생의 숙제
다이어트

초판 1쇄 인쇄 | 2021년 1월 10일
초판 1쇄 발행 | 2021년 1월 15일
지은이 | 이준숙
발행인 | 임순재
발행처 | (주)한올출판사
등록번호 | 제11-403호
주소 | 서울시 마포구 모래내로 83(성산동 한올빌딩 3층)
전화 | 02-376-4298(대표)
팩스 | 02-302-8073
홈페이지 | www.hanol.co.kr
e-메일 | hanol@hanol.co.kr
캘리그라피 | 임옥선·김지혜

ISBN   979-11-6647-009-7